图书在版编目（CIP）数据

JavaScript高效程序设计：写给Web编程初学者的入门指导书！/（美）基鲁帕·金纳坦比著；叶梓华译
. -- 北京：中国青年出版社，2020.10
书名原文：JAVASCRIPT ABSOLUTE BEGINNER'S GUIDE
ISBN 978-7-5153-6126-0

I.①J... II.①基... ②叶... III.①JAVA语言-程序设计 IV.①TP312.8

中国版本图书馆CIP数据核字（2020）第133318号

JavaScript高效程序设计：
写给Web编程初学者的入门指导书！
[美] 基鲁帕·金纳坦比 / 著；叶梓华 / 译

出版发行：中国青年出版社
地　　址：北京市东四十二条21号
邮政编码：100708
电　　话：（010）59231565
传　　真：（010）59231381
企　　划：北京中青雄狮数码传媒科技有限公司

策划编辑：张　鹏
责任编辑：张　军
封面设计：乌　兰

印　　刷：北京瑞禾彩色印刷有限公司
开　　本：710×1000　1/16
印　　张：21
版　　次：2020年12月北京第1版
印　　次：2020年12月第1次印刷
书　　号：ISBN 978-7-5153-6126-0
定　　价：89.80元

本书如有印装质量等问题，请与本社联系
电话：（010）59231565
读者来信：reader@cypmedia.com
投稿邮箱：author@cypmedia.com
如有其他问题请访问我们的网站：http://www.cypmedia.com

JavaScript 高效程序设计

写给Web编程初学者的入门指导书！

[美] 基鲁帕 · 金纳坦比 / 著

叶梓华 / 译

中国青年出版社

内容一览

目录

IV 事件

谨献给

无论看了多少遍的书，还是会在某些幽默的地方发笑的Meena!

鸣谢

我认为，完成这样一部书完全是个不小的功绩。是台前幕后各个工作人员将我散漫无边的话编辑成这么一本排版精致的书，我想对培生教育所有工作人员的辛勤付出表示感谢!

在这里我想特别地对一些人表示谢意。首先是马克·泰伯（Mark Taber）给了我这次出书的机会，而克里斯·赞恩（Chris Zahn）耐心地解答了我提出的各种问题，是洛蕾塔·耶茨（Loretta Yates）负责帮我做联系的工作，让我的书出版成为可能，技术层面的内容则是由我的老朋友兼线上合伙人凯尔·默里（Kyle Murray）和特里沃·麦考利（Trevor McCauley）负责帮我审校。对于他们的付出，我实在无以回报。

最后我要感谢我的家人，你们一直鼓励我做一些有创造性的工作，如画画、写文章、打游戏等。没有你们，我不会变成如今这样一个身材健硕的半宅男。☺

关于作者

Kirupa Chinnathambi一生的大多数时间都在指导网络开发，并且让开发者们像他一样热爱网络开发工作。

1999年，在博客还没有诞生的时候，Kirupa Chinnathambi就开始将网络开发的教程发布在了**kirupa.com**上。从那以后，他写了上百篇文章并出版了几部书，而本书则是他所有作品中的佼佼者。作为微软的项目经理，他将他所有清醒的时间用于修缮网页，至于非清醒的时间嘛，当然是在睡觉……或者神游了。

你可以在推特（**twitter.com/kirupa**）、Facebook（**facebook.com/kirupa**）或电子邮件（**kirupa@kirupa.com**）中与他随时联系。

介绍

你是否曾经尝试过去学习一门外语？如果你和我一样，那么你的经历应该也和下图所展示的一样：

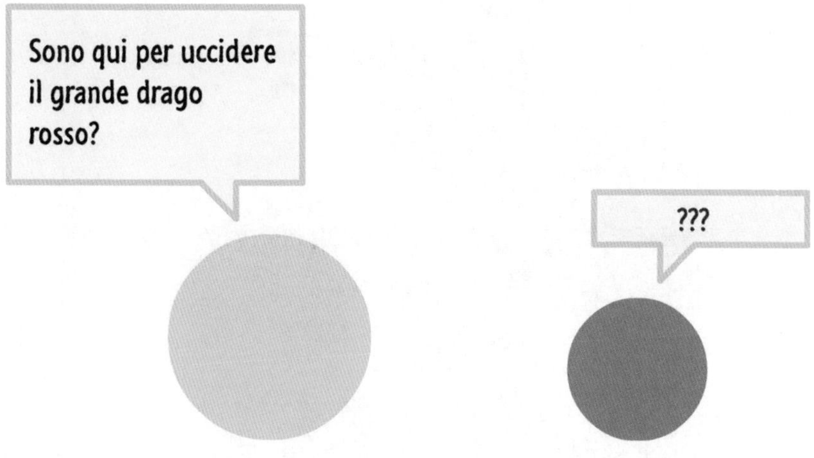

大家从出生开始就在学母语，除非你是像杰森·伯恩（或者是罗杰·费德勒）那样的人。因为学习一门语言是很困难的，并且将一门语言学习到可以真正派上用场的水平需要花费大量的时间和精力。

学习一门语言需要从最基础开始学起：

学习语言还需大量的实践和耐心。语言学习是少数几个没有成功捷径的领域。

你会讲JavaScript吗？

学习一门编程语言和学习自然语言是类似的，也要从基础开始学习。一旦掌握了基础，你就需要向更高层次进阶。这样的进程不断地重复，而且似乎永无止境。学习语言只有起点没有终点，而本书正是为了在起点阶段帮助你。

本书从头到尾都充满着“干货”（内容也相当有趣，希望你也这么觉得），这些内容会帮助你学习JavaScript。

虽然我不想躲在背后说编程语言的坏话，但是JavaScript确实很无聊：

为什么对我不理不睬??!!!

```
var count = 0;

function doingSomethingBoring() {
    count++;

    if (count > 10) {
        alert("Yaaaaaawwwnnnnnnnnn!");
    } else {
        alert("This one time, at band camp....");
    }
}
```

沉闷!

无聊!

我没有其他的词汇来形容它，尽管JavaScript这么无聊，但并不意味着我们的学习过程必须十分枯燥。

希望你通过本书的学习，能够体会到学习编程语言的轻松和快乐，不过在轻松和快乐的同时，还要对JavaScript进行全面地掌握，以便更好地使用这门语言。当你学完这本书之后，就能轻松应对所有与JavaScript相关的挑战了！

与我联系/找我帮忙

如果你在学习中遇到什么困难或者只是单纯地想找我聊一聊，你可以到下面这个论坛和我联系：

forum.kirupa.com.

若不是技术性问题，你也可以给我发送邮件**kirupa@kirupa.com**、推特@kirupa或者在Facebook（**facebook.com/kirupa**）上联系我。我喜欢收到读者们的来信，收到信息后我一定会给大家回复的。

就说这么多，下一页，我们就要开始学习了！

1

本章内容

- JavaScript语言的优势
- 通过简单的案例试试手

HELLO, WORLD!

如果说HTML是一门关于展示内容的语言，那么CSS则是将展示的内容做得更精美的语言。通过结合HTML和CSS的使用，我们可以做出一些很精美的网页，就像图1.1所展示的CSS禅意花园（**csszengarden.com**）主页那样。

图1.1

CSS禅意花园主页（英文版）的设计框架完全只用CSS构建

尽管用HTML和CSS设计出来的网页美轮美奂，但做出来的网页终究是静态的，这种网页无法接受和回应浏览者的输入操作。用这两种语言设计的网页，就像把《宋飞正传》循环播放一样，刚开始还挺有意思，看多了就无聊了。现在的网页都是动态的，我们经常浏览的网页（如图1.2所示）都有一定的互动性和个性化设计，这些是HTML和CSS所不能实现的。

图1.2

以上网页都十分依赖JavaScript来保证正常的运行

为了让网页内容生动起来，我们需要JavaScript的帮助。

什么是JavaScript?

JavaScript与HTML和CSS一样，是一种现代的编程语言。笼统地说，JavaScript可以实现网页文件和用户的互动，从而让你的网页文件实现以下功能：

- 对单击鼠标等事件作出反应；
- 对已加载网页的HTML和CSS进行更改；
- 网页上的素材可以在屏幕上进行有趣地移动；
- 在网页上制作有趣的游戏（如剪绳子魔法）；
- 实现服务器和浏览器之间的数据交流；
- 与网络摄像头、麦克风及其他设备进行连接。

还有很多……编写JavaScript程序非常简单，代码编写所用的语言词汇基本都是日常英语，你只需要用这些日常英语对你的浏览器下指令即可。我们看以下这个例子：

```
var defaultName = "JavaScript";

function sayHello(name) {
    if (name === undefined) {
        alert("Hello, " + defaultName + "!");
    } else {
        alert("Hello, " + name + "!");
    }
}
```

可能你现在还读不懂上面的代码，别担心，先看看这段话里都有些什么。你可以看到有许多日常的英语单词，如function、if、else、alert、name等。除此之外，还有一些奇怪的符号，这些符号在键盘上都有，但平时很少会注意到，不过在接下来的学习中我们会经常接触到，最终你会完全理解这段代码的意义。

JavaScript的背景就介绍到这里，关于JavaScript的历史以及创始人之类的枯燥内容在这里就不赘述了。唯一需要明白的就是JavaScript和Java之间并没有什么关系，这里也不去详述相关的历史背景了。

我们并不需要了解过多的历史，我希望你能更多地使用JavaScript进行程序的编写。在本章结束之前，你将学会编写一个简单而有趣的代码，让你的浏览器展示想要的文本。

简单的小案例

你可能还没准备好开始写代码，对于没有任何编程经历的人而言确实还很茫然。不过你很快会发现，虽然JavaScript比较枯燥单调，但绝对不会复杂到令人头痛的地步。枯燥和复杂还是有很大区别的！

代码编辑工具

先别急着继续学习，在此之前要向各位声明一下，本书并不需要读者使用什么花里胡哨的HTML编辑工具或代码编辑工具，只需要一些可以查看HTML、CSS和JavaScript代码的基本的软件（比如记事本）即可。当然，如果有好的代码编写软件更有利于我们学习，起码可以在学编程的时候不用走太多弯路。

以下是我比较喜欢的代码编写软件：

- Atom
- Sublime Text
- Notepad++
- TextMate
- Coda
- Visual Studio Code

本书并没有讲述某一个代码编写软件是如何操作的，也不需要具体的说明，只要知道如何创建、编辑、保存文件，并在浏览器中预览，就可以继续我们的学习了。

如果你对代码编写软件确实一窍不通，可以浏览网站**http://www.kirupa.com/links/editors.htm**，在短视频播单里寻找关于如何使用以上代码编写软件编写HTML、CSS和JavaScript的短视频。

HTML文件

首先你要建立一个HTML文件，所编写的JavaScript代码需要嵌入在HTML文件中。你可以在任意一个空白的HTML文件中编写，但是如果没有创建的HTML文件，那么在继续学习之前，请在空白文件里添加以下内容：

```
<!DOCTYPE html>
<html>

<head>
  <title>An Interesting Title Goes Here</title>

  <style>

  </style>
</head>

<body>

  <script>

  </script>
</body>

</html>
```

将这个文件放在浏览器中预览，你会什么都看不到。这是对的，因为这个文件里并没有什么实质内容，说到底还是一个空白文件。不过没关系，我们可以继续编写这段代码，从这个script标签开始：

```
<script>

</script>
```

这一对script标签就像一个容器，里面可以加入任何你想要运行的JavaScript代码。例如，当我们想加载HTML文件时，可以在对话框中显示一句“hello world!”，如图1.3所示。当然对于不同的浏览器，对话框可能也不一样。

图1.3

对话框内显示**hello, world!**

在script标签内，添加以下高亮的一行代码：

```
<script>
  alert("hello, world!");
</script>
```

保存这个HTML文件，并在浏览器中打开，网页加载后你就会看到一个对话框，上面显示着hello, world!，显示效果应当与图1.3差不多。

恭喜你完成了第一次JavaScript编程！这是你迈向JavaScript学习殿堂的一大步。那么在完成了这个案例之后，我们看看这段代码究竟是如何运作的。

语句与函数

刚才我们添加的那部分代码，是一个简单的JavaScript语句。语句是一个有逻辑的指令集合，可以对浏览器下达指令。一个典型的应用里包含大量的语句，而在我们的案例中只有一句：

```
alert("hello, world!");
```

注意 要判断这段代码是否为一个语句，我们可以看最后一个字符。在前面的一段代码的语句后面有一个分号（;）。当然并非有分号的才是语句，因为JavaScript的语句在很多情况下不需要在语句末尾添加分号，有的开发人员甚至在编写程序时特意省略分号。

在每一个程序代码语句里，都会看到各种JavaScript独有的术语，之前我们添加的那一句代码，尽管只有一行，也不例外。在这行代码中，出现了一个奇怪的alert，语句中的alert和日常英语中alert的意思是一样的，在JavaScript中，alert的作用就是通过显示某个文本来引起你的注意。

更准确地说，alert在JavaScript中属于一个叫做“函数”的概念。在编程的时候我们无时无刻不在使用函数，因为函数是可以重复使用的基本语块，并且具有一定的功能。具体是什么样的功能可以由你、第三方库或者由JavaScript自身的框架决定。本案例代码中的alert函数能够神奇地弹出对话框，并在对话框里显示你所传递的文本内容，而代码却隐藏在浏览器的内部。如果你需要调用alert函数，只要输入alert并加上你所要添加的文本内容即可，剩下的就交给浏览器了。

回到刚才的例子中，需要注意的是，我们要展示的文本hello, world!是由英文状态下的双引号包裹着的：

```
alert("hello, world!");
```

在我们需要处理文本的时候（在计算机里一般叫“字符串”），文本信息需要用单引号或双引号进行引用。尽管看起来很奇怪，但是每一个编程语言多多少少都会有一些奇怪的特点，在接下来的JavaScript学习过程中，你还会遇到更多这类问题。在之后的学习中我们会更详细地介绍字符串的知识，现在只要粗略地了解即可。

接下来继续介绍这行代码，在alert语句中，除了显示hello, world!以外，还可以显示任意的文本，比如你的姓名。下面的例子就是用alert函数显示我的名字（其实并不是我的真名，但我倒想把名字改成这个）：

```
alert("Steve Holt!!!");
```

把这段代码放在浏览器中运行，你会看到Steve Holt的名字显示在对话框中。非常简洁明了，不是吗？你可以把这个字符串修改成任何文本，你家狗狗的名字、你最喜欢看的电视节目等，不论这个节目是关于性感的卡戴珊日常还是萌萌的蒙哥，你输入什么内容，JavaScript就帮你显示什么内容。

本章小结

在本章中，我们通过一个案例了解了JavaScript代码编写的相关知识。在这个案例中，我们列举了许多概念，如**语句**、**函数**、**字符串**等，还多次使用了alert函数来显示各种各样的文本。在本章结束之前，我们再次使用alert函数显示一句话：

```
alert("We just finished the first chapter!");
```

本章结束以后，我并不要求读者能记住所有的知识点，因为在之后的章节中，我们会把你看到的每一个有趣的部分，将（可能）通过更有趣的例子，用生动得令人发指的方法来详细阐述。我相信，读者想要用JavaScript实现的，远不止用烦人的对话框显示文本那么简单。

在本书每个章节的末尾处，读者都可以看到更多由我和其他人制作的永久性资源的链接。通过这些资源，读者可以学到关于本章节知识更详细的内容，而且能够从不同的视角来审视已学的内容，同时还可以通过更多的例子进行实践。读者可以把这本书当作一块带你认识更多有趣事物的敲门砖。

2

本章内容

- 用“值”储存数据
- 用变量组织代码
- 简要了解一下变量命名约定

值与变量

在JavaScript语言里，你所提供或使用的每个数据都被认为包含一个值。在第一章的案例中，字符串hello, world!只是alert函数后的一串文本而已：

```
alert("hello, world!");
```

对于JavaScript，这些文字和标点符号在后台都有特殊的意义，即它们都被看作为**“值”**。当你输入这些内容时可能并没有意识到这一点，但是在JavaScript王国，所接触到的每一个数据都被看作是值。

了解这一点的意义在于，在接下来的学习中要不断地接触各种值，你要学会合理地处理各种数据，否则各种出错会让你抓狂的。所以在进行JavaScript编程的时候，要学会简化对值的操作，你需要：

1. 学会如何轻易地识别“值”；
2. 学会如何重复使用值，但不用繁琐地进行复制粘贴。

这两点正好涉及到我们本章节要重点讲述的内容——**变量**。

现在，我们就开始吧！

使用变量

一般而言，变量是一个值的名称。比如要输入一个叫hello，world!的值，在编程的时候，我们可以把hello，world!赋值给一个变量，在每一次需要调用这个值的时候，只需要调用这个变量即可，这样就不需要对hello，world!进行复制粘贴了。在许多情况下，这种替代是非常有意义的。

使用变量的方法是使用关键词var，并在右侧输入变量的名称，比如：

```
var myText;
```

在这一行代码中，我们成功地定义了一个叫做myText的变量。不过这个变量只是一个空壳，并没有任何内容。

所以我们要对这个变量赋值，即把一个值赋予这个变量。下面继续用hello，world!来示范：

```
var myText = "hello, world!";
```

接下来，我们把第一章的例子改造一下，运用上我们刚才所学的变量：

```
var myText = "hello, world!";
alert(myText);
```

你会注意到，并没有直接在alert函数后面输入hello, world!，而是输入了变量myText，而最终的效果是一样的。运行这行代码，我们依然能看到在对话框中显示hello, world!。

这种替换非常简单，因为代码中有一个确定值的地方。如果我们要把显示的内容更改一下，比如说要把hello, world!改为The dog ate my homework!（我的作业被狗吃了）。只需要把myText所指定的值更改一下即可：

```
var myText = "The dog ate my homework!";
alert(myText);
```

在代码中，无论在何处引用变量myText，它都会被作为新的值使用。目前我们还无法理解，但是在以后需要处理更长的代码时，变量的运用可以节省很多时间。在接下来的章节里，我们将会感受到变量在编程时带来的便利。

关于变量的一些其他知识

前面所学的内容，已经足够对你的生活产生巨大影响了——当然这里的“生活”主要是指JavaScript的学习生涯。那么接下来我就不再对变量进行深入讲解，在以后的章节里，随着代码逐渐复杂，变量的重要性也会逐渐体现，将会在后面再详细讲解。那么在本章结束之前，我还要介绍关于变量的一些比较零碎的知识。

变量的命名

只要你喜欢，就可以随意地对变量进行命名，你可以根据自己在哲学上、文化上的考虑，甚至是风格的喜好来命名。除此之外，从技术的角度来讲，JavaScript具有强大的兼容性，你可以采用各种字符来命名，包括字母、数字以及任何键盘可以敲出来的符号。

基本上，变量的命名要符合以下规则：

1. 变量的名称可以只有一个字符，也可以很长，长到有成千上万，甚至上亿个字符。
2. 变量名称的第一个字符可以是字母、下划线(_)或者美元符号($)，但不能是数字。
3. 除了第一个字符，其他字符可以由字母、下划线、数字和美元符号进行组合，英文字母也可以进行大小写互相掺杂。
4. 不允许有空格。

以下是一些合法的变量名称：

```
var myText;
var $;
var r8;
```

```
var _counter;
var $field;
var thisIsALongVariableName_butItCouldBeLonger;
var __$abc;
var OldSchoolNamingScheme;
```

想要检测你的命名是否合法，可以使用简单好用的JavaScript变量名称验证器

(**http://bit.ly/kirupaVariable**).

除了要考虑合法性外，我们还要考虑其他问题，比如说一些约定俗成的命名方式，你可以花上几个小时争论某个变量应当如何命名。当然在这里我们不会进行过多阐述，不过对这方面有兴趣的读者可以参阅Douglas Crockford的《代码传统》：**http://bit.ly/kirupaCodeConvention**。

关于变量的声明和赋值的问题

JavaScript是一门容错性高，使用起来很便利的编程语言。关于这一点我们暂时不展开讲述，将会在后面的章节进行介绍。接下来先举一个例子，在定义变量的时候，我们可以省略关键词var，直接给变量赋值：

```
myText = "hello, world!";
alert(myText);
```

注意，myText 变量并没有使用var进行声明，尽管不建议这么做，但是这种声明方式也行得通，我们最后依然可以得到一个myText变量。然而，通过这种方式声明的变量会是一个全局变量。关于“全局变量”的概念可能还不太懂，将在**第7章 变量作用域**中重点讲解什么叫“全局变量”。

还有一点，变量的定义和赋值不需要在同一个语句内进行，我们可以把声明和赋值分解在两个语句中：

```
var myText;
myText = "hello, world!";
alert(myText);
```

在实操过程中，我们经常要把对变量的声明和赋值分开，在后面的内容里将会看到大量的此类例子，从这些例子中我们会明白为什么需要分解成两个语句。

还有一点——好吧！这次真的是最后一点了——你可以随意地更改变量的值：

```
var myText;
myText = "hello, world!";
myText = 99;
myText = 4 * 10;
myText = true;
myText = undefined;
alert(myText);
```

有编程经验的朋友可能接触过一些格式比较严谨的语言，在它们的语法规则中同一个变量是不能储存多种数据类型的值。相比起来，JavaScript的规则简直是太宽松了，这也是JavaScript备受推崇的一大原因。

本章小结

值用于储存数据，而变量则是一种引用数据的简易方法。关于值，我们还有很多有趣的知识，但目前来说并不需要继续展开介绍，只需要明白，在JavaScript中变量可以是文本，也可以是数字或其他类型的数据。

为了把值储存下来并重复使用，我们需要声明一个变量，通过var关键词声明变量的名称。如果你想要把值赋予一个变量，需要在变量后面添加等号(=)以及所要赋予的值。

本章内容

- 如何用函数来组织和组合你的代码
- 如何用函数重复调用代码
- 发现函数参数的重要性，并学会运用参数

3

函数

目前为止，我们所编写的代码并不具有任何结构，因为代码只有简单的……这么一行：

```
alert("hello, world!");
```

如果代码简单得只有一行，那么这样的代码并没有任何问题。问题在于，大多数情况下我们的代码并没有那么简单，在现实生活中，JavaScript的应用远比这一行代码复杂得多。

为了让大家有更深刻的认识，我们以计算路程为例，如图3.1所示。

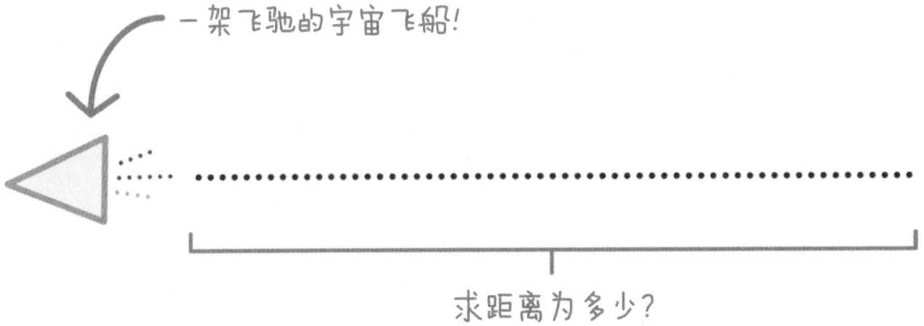
一架飞驰的宇宙飞船!
求距离为多少?

图 3.1

计算某物体经过的路程

我们在小学的时候学过，物体经过的路程等于该物体运动的速度乘以时间。现在我们要计算图3.2中宇宙飞船的运行路程。

路程 = 速度 X 时间

图 3.2

路程计算公式

以下是用JavaScript来表示这个公式：

```
var speed = 10;
var time = 5;
alert(speed * time);
```

代码中声明两个变量，分别是速度（speed）和时间（time），而且两个变量的值都是数字。Alert函数表示两个变量的乘积。请留意速度和时间中间的*号，这个符号代表的是乘号。如你所见，这段JavaScript代码完全是对距离公式的字面翻译。

如果我们想根据不同的速度和时间计算路程，根据目前所学的内容，可以写出以下的代码：

```
var speed = 10;
var time = 5;
alert(speed * time);
```

```
var speed1 = 85;
var time1 = 1.5;
alert(speed1 * time1);

var speed2 = 12;
var time2 = 9;
alert(speed2 * time2);

var speed3 = 42;
var time3 = 21;
alert(speed3 * time3);
```

看完这些代码不知道你有何感想，反正我觉得太可怕了。这段代码非常冗长，而且有大量重复的代码。在之前的章节介绍过，重复的变量会让代码变得更加难以维护，同时还会降低编写代码的效率。

要解决这个问题，我们需要采用即将学习的内容——**函数**。而在接下来的内容中，函数将会被不断地使用。

```
function showDistance(speed, time) {
    alert(speed * time);
}

showDistance(10, 5);
showDistance(85, 1.5);
showDistance(12, 9);
showDistance(42, 21);
```

先不管这段代码说的是什么，起码我们看到这段代码比之前的要简洁得多，而且最终的效果也是一样的，在编写的时候就可以省很多事。那么接下来就要解释如何用函数来实现这些功能。

什么是函数?

函数最基本的功能就是将一系列代码进行打包，所以函数的基本功能有：

- 把多个代码语句聚集起来

- 可以重复使用某段代码

只要是编写代码，几乎都要使用函数，由此可见函数的重要性。

先看一段简单的函数

学习函数最好的方法就是写一条函数，那么我们先从一条简单的函数开始。创建函数非常简单，只需要对JavaScript的奇怪语法有些了解，比如说懂得使用括号，就可以了。

以下就是一则简单的函数：

```
function sayHello() {
    alert("hello!");
}
```

只有函数还不够，我们需要调用函数来发挥它的作用。高亮的那一行就是调用函数的代码：

```
function sayHello() {
    alert("hello!");
}
sayHello();
```

在代码编写器上输入以上代码，再放到浏览器上预览，如果你能看到对话框弹出，并且显示“hello!”，这说明这段代码是可用的。那么我们接下来就进一步讲解，为什么把代码分解成两个语段后还能够继续运行。

首先，这行代码以关键词fuction开头：

```
function sayHello()   {
    alert("hello!");
}
```

这个关键词function会告诉浏览器内部的JavaScript引擎，把function以下的整块代码看作是函数的内容。

然后，在关键词function后面，需要输入制定的函数名称，并在其后添加一对闭合的圆括号：

```
function sayHello()   {
    alert("hello!");
}
```

其次，要实现对函数的声明，需要使用一对闭合的花括号。而且在花括号内封装着整个函数所有的语句：

```
function sayHello()   {
    alert("hello!");
}
```

最后，就是编写函数的具体内容，花括号中的语句才是让编写的函数真正实现其功能的内容：

```
function sayHello()   {
    alert("hello!");
}
```

在这个案例中，函数的内容是用alert函数实现在对话框内显示文本“hello!”。

最后就是调用这个函数：

```
function sayHello()   {
    alert("hello!");
}
sayHello();
```

函数的调用其实就是输入函数的名称，或者编写一个包含有这个函数名称的语句，要注意在函数名称后加上一对闭合的圆括号。如果不对函数进行调用，你所创建的函数就没有任何意义，只有调用函数才能把函数“唤醒”，发挥它的作用。

那么我们已经演示了如何创建一个简单的函数，接下来将运用所学的知识，创建一个更贴近真实情况的函数的例子。

创建一个带有参数的函数

之前提到过，我们创建的sayHello是一个非常简单的函数：

```
function sayHello()   {
    alert("hello!");
}
```

通过直接调用函数，然后函数就开始运作，这样简单的函数工作机制是不常见的。当然，所有的函数都是通过调用得以实现功能的，然而，在一些细节方面，比如函数如何被调用，从哪里获得数据等，会有所不同。所以，为了感受这些细节，接下来要学习带有**参数**的函数。

首先看一看这个例子：

```
alert("my argument");
```

仍然是一个alert函数的例子，这个函数我们已经使用很多次了。如你所见，这则函数的功能是显示你所输入的文本内容，如图3.3所示。

图 3.3

通过 alert 函数，文本内容 my argument（意为“我的参数”）显示在对话框中

再仔细观察，在调用函数alert时，在圆括号内输入了指定的需要显示的内容，这个内容就是所谓的“参数”。alert函数是众多需要参数的函数之一，接下来我们要创建的函数也都需要参数。

之前介绍的showDistance函数，同样是一个具有参数的函数。

```
function showDistance(speed, time)  {
    alert(speed * time);
}
```

对比一下我们可以看出，在声明函数时就可以判断这则函数是否需要参数：

```
function showDistance(speed, time) {
    ...
}
```

我们可以很容易地辨别带有参数的函数，若函数有参数，则函数名称右侧的括号内必然有内容，因为在括号内需要有函数参数的数量信息以及参数取值的线索。

在showDistance函数中，我们可以推断该函数有两个参数，第一个参数是speed（速度），第二个参数是time（时间）。

在调用函数时，需要把制定参数值作为调用函数的一部分：

```
function showDistance(speed, time) {
    alert(speed * time);
}
showDistance(10, 5);
```

在这个例子中，我们调用showDistance函数的同时，还指定了函数括号内的两个值。

```
showDistance(10, 5);
```

带有参数的函数，在命名的时候需要在函数名称右侧的括号内填上关于参数的信息，以此来提示在括号内应该输入的是什么参数，由此决定在括号内输入什么样的值。为了更好地说明这一点，请参照图3.4理解。

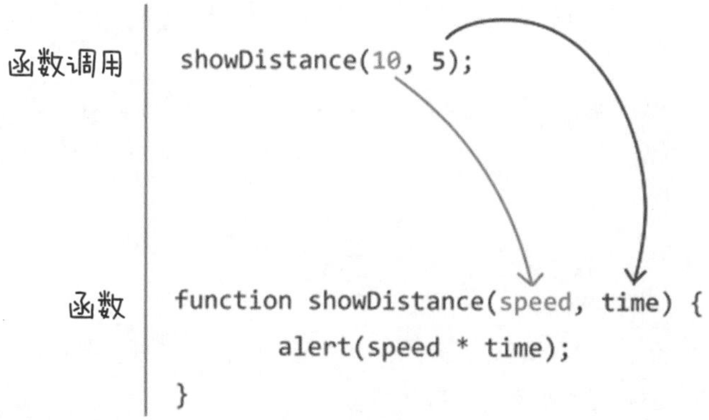
函数调用
showDistance(10, 5);
函数
function showDistance(speed, time) {
alert(speed * time);
}

图 3.4

值的顺序很重要

当showDistance函数被调用时，括号里的数字10就与参数speed对应，而数字5与参数time对应。括号内的数字与参数是按顺序一一对应的。

当参数的值进入到函数之后，我们就可以直接调用参数名称，此时的参数可以等同于函数名称，如图3.5所示。

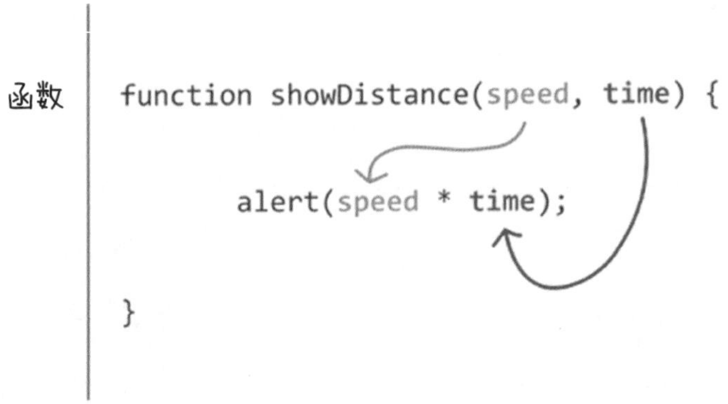
函数
function showDistance(speed, time) {
alert(speed * time);
}

图 3.5

参数名称被视作函数名称

你也可以用变量名称来直接引用函数内参数的值。

注意 如果函数里有若干个参数，但在调用函数的时候不输入参数值或者输入的值的数量少于或多于参数的数量，函数依然能运行，不过结果就不是我们想要的了。你可以在编程的时候对这种情况进行针对性预防。

总的来说，为了让你的代码更加清晰，在调用函数时，务必输入与参数对应的参数值，否则会把事情复杂化。

创造一个可以返回数据的函数

本章介绍的最后一种函数是可以在调用的时候返回数据的函数。那么我们依然使用上面所介绍的showDistance函数，函数代码如下所示：

```
function showDistance(speed, time)   {
    alert(speed * time);
}
```

我们并不是用这个函数去计算路程并用alert显示计算结果，而是要把值储存下来以备他用，所以我们把函数写成如下形式：

```
var myDistance = showDistance(10, 5);
```

变量myDistance将会储存showDistance函数的运算结果。要实现这一功能，还需要了解以下内容：

关键词 Return

要返回数据需要使用关键词return。我们先创建一个新函数叫getDistance，这个函数与showDistance相似，不过在运行完成后会略有不同：

```
function getDistance(speed, time)   {
    var distance = speed * time;
    return distance;
}
```

你会注意到，我们依然保留了speed和time的乘法运算，但没有用alert进行显示，而是要返回distance（距离）的值，也就是把运算结果储存在变量distance中。

要调用getDistance函数，只需要将这个函数作为给变量赋值的一部分即可：

```
var myDistance = showDistance(10, 5);
```

当getDistance函数被调用时，函数会执行运算并返回一个数值，并赋值给myDistance变量，这就是全部过程。

提前退出函数

一旦你的函数运行到return的时候，函数代码就不再运作了，它只会在调用时返回运算结果，然后退出函数运算。

```
function getDistance(speed, time)   {
    var distance = speed * time;
    return distance;

    if (speed < 0)   {
        distance *= -1;
    }
}
```

所以在函数中，return语句后的任何代码都不会起作用，例如下面这段高亮部分的代码：

```
function getDistance(speed, time) {
    var distance = speed * time;
    return distance;

    if (speed < 0) {
```

```
        distance *= -1;
    }
}
```

这段代码甚至可以认为不存在。在实践中，当我们想让函数停止运算时，会用return语句作为一个函数的终结。你可以像前面的例子用return返回值，或者直接用return来退出函数：

```
function doSomething()    {
    // do something
    return;
}
```

你可以选择是否用return来返回一个值，不过如你所见，关键词return本身是可以用于退出函数的。

本章小结

在每一个 JavaScript 程序中，函数都会是你需要使用的工具，因为他们能提供一种独特的能力，让你的代码重复使用。在编程的时候我们无法离开函数，无论是自己构建函数还是在使用 JavaScript 语言本身带有的函数。

本章所讲解的例子是函数的基本用法，当然还有一些比较进阶的函数特性还没有介绍到，这些内容可能要在比较后面的阶段才会涉及。不过现在所学的内容足够应付目前 JavaScript 的实际应用了。

本章内容

- 在代码中用常见的 if/else 语句帮助决策
- 了解 switch 语句并在适当的时候使用

4

条件语句：IF、ELSE以及SWITCH语句

无论你是否察觉到，从你有意识的那一刻起，就开始在做决定。比如说关掉闹钟、开灯、看看外面的天气、刷牙、穿上奇装异服等……这些都算是你做的决定。在你决定踏出家门之前，已经有意无意地做了上百个决定，而每一个决定都对你的最终行动产生了影响。

比如说，如果外面天气很冷，你会决定要不要穿卫衣或者夹克。在你的脑子里，决策模型如图4.1所示。

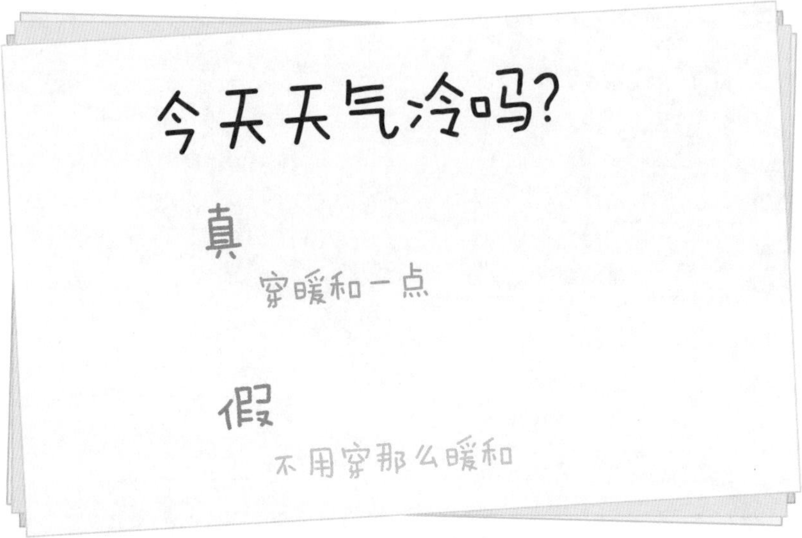

图 4.1

日常决策的例子

如果天气很冷，你的决定一定会落到TRUE（真）的选择里。如果天气不冷，你的决定就会落到FALSE（假）的选择里。你的每个决策都可以做成一系列真和假的语句。这么看起来好像有点像机器人一样冷冰冰的，然而这是我们大部分人，甚至是生物做选择的机制。

这种普遍性也适用于电脑，可能我们之前并没有写过这样的代码，但是在本章中就要学会写了。在本章中，将会介绍**条件语句**，这是一种数字决策，代码通过对条件的**true（真）**或**false（假）**的判断决定运行不同的代码。

下面我们就开始讲解吧！

If/Else 语句

最常见的条件语句是if/else语句或者if语句，这种代码的工作原理如图4.2所示。

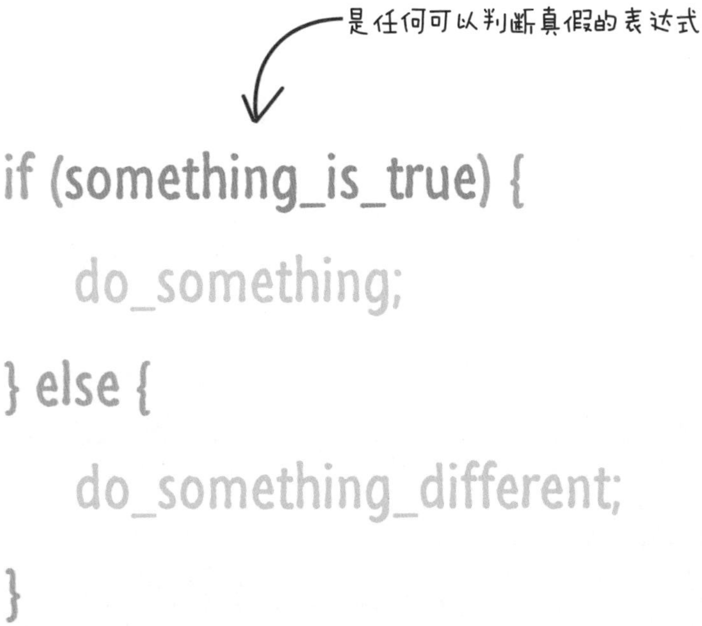
是任何可以判断真假的表达式
if (something_is_true) {
do_something;
} else {
do_something_different;
}

图 4.2

If/else 语句的拆解

为了让大家更好地理解，我们先写一段简单的if语句代码：

```
var safeToProceed = true;

if (safeToProceed) {
    alert("You shall pass!");
} else {
    alert("You shall not pass!");
}
```

如果把这段代码放在HTML文件中并运行，你会看到对话框内显示文本“You shall pass!”，这是因为safeToProceed是一个变量，而这个变量被赋予了**true**值时，就会运行if下的代码。

现在我们把变量safeToProceed赋值为false：

```
var safeToProceed = false;
```

```
if (safeToProceed) {
    alert("You shall pass!");
} else {
    alert("You shall not pass!");
}
```

运行代码后，你会看到对话框中显示的是“You shall not pass!”，这是因为变量的值为**false**，所以运行else下的代码。目前为止这些内容还比较简单，希望在后面的章节你还能有同样的感受。

认识条件运算符

不过在大多数情况下，条件语句不会像之前的例子那样只是简单地判断**true**和**false**，而是通过**条件运算符**，对两个（或更多）表达式进行对比来确定**true**和**false**值。

这种表达的基本的框架，如图4.3所示。

```
if (expression  operator  expression) {
    do_something;
} else {
    do_something_different;
}
```

图 4.3

从更抽象的角度看 if/else 语句

条件运算符适用于确定两个表达式之间的关系，最终目的是要返回**true**或**false**，并以此确定**if语句**应该执行哪一段代码。目前为止可能还不太好理解，保持耐心，在讲解案例之前，先看一下都有哪些条件运算符。

从表格形式列举了一些条件运算符，如表4.1所示。

表4.1 列举了一些条件运算符

运算符	条件为真时
==	第一个表达式的值与第二个表达式相同
>=	第一个表达式的值大于或等于第二个表达式
>	第一个表达式的值大于第二个表达式
<=	第一个表达式的值小于或等于第二个表达式
<	第一个表达式的值小于第二个表达式
!=	第一个表达式不等于第二个表达式
&&	第一个表达式和第二个表达式同时为真
||	第一个表达式为真或第二个表达式为真
!== and ===	这个运算符先不做解释，后面章节会有所介绍

带着我们对运算符的模糊认识，在案例中消除疑惑吧：

```
var speedLimit = 55;

function amISpeeding(speed) {
    if (speed >= speedLimit) {
        alert("Yes. You are speeding.");
    } else {
        alert("No. You are not speeding. What's wrong with
you?");
    }
}

amISpeeding(53);
amISpeeding(72);
```

我们来看一下这段代码做了些什么。有一个变量叫speedLimit（限速），赋值为55，然后创建了一个函数叫做amIspeeding（我超速了吗），其参数为speed（速度）。在函数里面有一个If语句，表达式为speed的值是否大于或等于（符号为>=）speedLimit的值：

```
function amISpeeding(speed) {
    if (speed >= speedLimit) {
```

```
        alert("Yes. You are speeding.");
    } else {
        alert("No. You are not speeding. What's wrong with you?");
    }
}
```

最后（事实上在运行代码的时候这部分是最先运行的）的这部分代码则是通过输入参数speed值的方式调用amIspeeding函数：

```
amISpeeding(53);
amISpeeding(72);
```

当我们输入的参数值为**53**时，表达式speed >= speedLimit 的值为**false**，因为**53**小于**55**，所以结果显示为“you are not speeding”（你没有超速）。

当输入的参数值为**72**时，条件表达式为**true**，最后显示的内容为“you are speeding”（你超速了）。

创建更复杂的表达式

关于条件表达式，你可以把它写得很简单，也可以写得很复杂。条件表达式可以是变量、函数调用或者是值，甚至可以是变量、函数调用或值与条件运算符的结合。无论如何，一定要保证你的条件表达式最终能够判断**true**或**false**。

下面介绍稍微复杂一点的例子：

```
var xPos = 300;
var yPos = 150;

function sendWarning(x, y) {
    if ((x < xPos) && (y < yPos)) {
        alert("Adjust the position");
    } else {
        alert("Things are fine!");
    }
}

sendWarning(500, 160);
sendWarning(100, 100);
```

```
sendWarning(201, 149);
```

注意sendWarning中的if语句里条件表达式是如何判断的：

```
function sendWarning(x, y) {
    if ((x < xPos) && (y < yPos)) {
        alert("Adjust the position");
    } else {
        alert("Things are fine!");
    }
}
```

这段代码需要进行三次判断，第一次判断x是否小于xPos，第二次判断y是否小于yPos，第三次判断两个表达式是否同时为**true**，使得&&运算符可以返回**true**值。你也可以根据自己的情况将多个条件语句连接起来。不过，除了要弄明白每一个运算符的功能，还要确保每一个条件和子条件都分别由括号括起来。

目前为止在本章节所介绍的内容其实都属于**布尔逻辑**。如果你对布尔数学体系不太了解，我推荐你浏览quirksmode关于布尔逻辑的文章：**http://www.quirksmode.org/js/boolean.html**。

不同的 If/Else 语句

我们已经学习了if/else语句，接下来要介绍一些if/else语句的“亲戚”。

只有 if 的语句

首先是只有if没有else的语句。

```
if (weight > 5000) {
    alert("No free shipping for you!");
}
```

在这种情况下，如果你的条件表达式为true，那么就运行alert语句，如果条件表达式的值为false，代码就会跳过alert继续往下运行。由此可见，Else在if语句中是可有可无的。与if语句相对应的，是它的另一个亲戚。

可怕的 If/Else-If/Else 语句

并不是每一个条件语句都只有一个if或一对if/else。在这种情况下，一般我们会用else if来连接多个if语句。在进一步解释之前，我们先看下面这个例子：

```
if (position < 100) {
    alert("Do something!");
} else if ((position >= 100) && (position < 300)) {
    alert("Do something else!");
} else {
    alert("Do something even more different!");
}
```

如果第一个if语句的值为**true**，那么你的代码将执行if下的alert语句。如果if语句的值为**false**，那么代码将会跳到else if语句中，判断它的值是**true**或是**false**，以此类推，直到最后一句代码。也就是说，你的代码会从头到尾判断if和else if语句，直到有一个条件为**true**为止。

```
if (condition) {
    ...
} else if (condition) {
    ...
} else if (condition) {
    ...
} else if (condition) {
    ...
} else if (condition) {
    ...
} else if (condition) {
    ...
} else {
    ...
}
```

如果if和else if语句判断的值皆为false，那么就会执行else语句（如果有的话）。通过更复杂的条件表达式和if/else if语句，代码几乎可以模拟出所有情况下的决策。

嗨呀总算绕完了

现在我们已经学习了if语句的知识，接下来开始学习另一种条件语句……

Switch 语句

在一个充满着美妙的if、else以及else if 语句的程序世界里，似乎不需要其他的条件处理方式了，然而那帮已经把键盘敲烂的程序员们可不这么认为，于是我们就有了**switch语句**。不过先把我刻薄的评价放在一边，因为通过这一部分的学习，你会了解到switch语句是多么地有用。

使用 Switch 语句

以下是switch语句的基本结构：

```
switch (expression) {
    case value1:
        statement;
        break;
    case value2:
        statement;
        break;
    case value3:
        statement;
        break;
    default:
        statement;
}
```

你需要记住的是，switch语句也是一个判断表达式的值为真或假的条件语句。这个表达式的值要看表达式的值与case的值是否匹配。可能这段话太抽象了，别说你们初学者看不懂，像我这种懂行的，有时候自己也看不懂。

所以还不如用例子来进一步解释呢：

```
var color = "green";

switch (color) {
    case "yellow":
        alert("yellow color");
        break;
    case "red":
```

```
        alert("red color");
        break;
    case "blue":
        alert("blue color");
        break;
    case "green":
        alert("green color");
        break;
    case "black":
        alert("black color");
        break;
    default:
        alert("no known color specified");
}
```

在这个简单的例子中，我们有一个变量color，它的值被设定为green：

```
var color = "green";
```

当变量color输入到switch语句时，事情就开始变得有趣了。

switch语句有多个case分段，但只有一个case分段的代码会被执行。我们通过对各个case的值与表达式的值进行比较，完全匹配的case的代码才会被执行，也就是说只有case的值为**green**的那段代码被执行，这是由于有关键词break终止了代码的继续运行。当代码运行到break的时候，代码会退出整个switch的代码，然后继续往下执行。如果你没有加上break关键词，执行完case的值为**green**的那段代码，还会继续执行下面一个case段落（在我们的例子中是case值为black的段落）以及剩下的代码，除非下面的代码有关键词break，否则每一个case的代码都会运行，直到运行完所有代码。我估计你们不希望出现这种结果。

```
var color = "green";

switch (color) {
    case "yellow":
        alert("yellow color");
        break;
    case "red":
        alert("red color");
```

```
        break;
    case "blue":
        alert("blue color");
        break;
    case "green":
        alert("green color");
        break;
    case "black":
        alert("black color");
        break;
    default:
        alert("no known color specified");
}
```

把上面的代码运行之后，你会看到对话框里显示**green color!**。

你可以更改color的值，使其与其他的case值相匹配，将会看到其他case的代码被执行。有时候，你的表达式的值与所有的case都不匹配，这时候switch语句就不起任何作用。如果你要制定一个与上述case都不匹配的情况下的操作，可以加一段default的代码，如以下高亮部分所示：

```
switch (color) {
    case "yellow":
        alert("yellow color");
        break;
    case "red":
        alert("red color");
        break;
    case "blue":
        alert("blue color");
        break;
    case "green":
        alert("green color");
        break;
    case "black":
        alert("black color");
        break;
```

```
    default:
        alert("no known color specified");
}
```

Default的代码和case语句有点不太一样，具体来说，其实就是少了个break关键词。不过你要记住这个小细节，免得程序出了问题，害你睡不着觉，而且也摸不准什么时候会出一个小差错。

与 If/Else 语句的相似之处

在前面介绍过，switch语句和if/else语句类似，都是用于判断条件的。基于这一观点，我们看一看如果把if语句改写成switch语句会怎么样。

我们先写一段if语句的代码：

```
var number = 20;

if (number > 10) {
  alert("yes");
} else {
  alert("nope");
}
```

由于我们的变量number的值为20，所以if语句的表达式的值判断为真。看起来非常简洁明了。那么接下来我们把if语句的代码改写为switch语句：

```
switch (number > 10) {
  case true:
    alert("yes");
    break;
  case false:
    alert("nope");
    break;
}
```

注意，我们的条件表达式是number > 10，case的值设定为true或false。因为表达式number > 10的值为真，所以运行case的值为true的代码。尽管这段代码的表达式比之前那个匹配文字的稍微复杂一些，但是switch语句的工作原理是不变的。你的表达式可以有多复杂写多复杂，只要表达式的值可以和case的值相匹配，那么这段代码就会被执行。

现在我们反过来，把之前判断颜色的switch语句改写成if/else语句。改写成if/else语句之后，代码如下：

```
var color = "green";

if (color == "yellow") {
    alert("yellow color");
} else if (color == "red") {
    alert ("red color");
} else if (color == "blue") {
    alert ("blue color");
} else if (color == "green") {
    alert ("green color");
} else if (color == "black") {
    alert ("black color");
} else {
    alert ("no color specified");
}
```

如你所见，if/else语句和switch语句是有许多相通之处的，default的代码在if/else语句中可以由else替代。switch语句中的表达式和case值的匹配关系，在If/else语句中则体现为if/else的条件，每一部分都翻译得刚刚好！

决定用哪一个

在前面的部分中介绍if/else语句和switch语句基本上是相通的。当你有两套相似的方法去解决同一个问题的时候，就会考虑用哪一种会更好。不过这种想法其实没有意义，只要用你喜欢的就行。在网上有很多关于什么时候用switch语句什么时候用if/else语句的争论，结果都没有定论。难得在互联网上对一个复杂问题没有正解。

对我而言会采用可读性更强的语句来编写程序。对比之前的switch和if/else语句的案例，你会发现，如果条件比较多的时候，switch语句看起来更清晰，相比于if/else语句而言代码不那么冗长，可读性也比较好。什么情况用switch，什么情况用if/else，这个标准由你来决定。对我而言，如果条件多于四个或五个，就会选择用switch语句。

另外，当表达式的值需要与某个值相匹配的时候，用switch语句是最好的选择。如果要处理一些比较复杂的问题，比如要满足一些奇怪的条件、值的核查、还有一些奇奇怪怪的问题，最好使用if语句。不过你可能在接下来的学习中会找到更合适的方法。

不过还是那句话，你喜欢用哪个就用哪个，不一定每个人都认可我的方法，你总能找到跟我相反的观点，而且还很有说服力。如果你是编程指南的追随者，那么就按指南上介绍的做，只要你的代码从头到尾风格一致就好，这样可以减轻你和其他需要看代码的人的工作负担。

对我个人而言还没有遇到过不得不用switch语句的时候，但是我经常看到别人的代码里用了大量的switch语句，不过别人的经历可能跟我不一样。

本章小结

尽管本书并没有涉及到人工智能这么高端的内容（:P），不过我们也可以用所学内容编写一个帮助决策的程序，一般会用到 if 语句的代码，并将包含多个选择的代码放到浏览器中运行：

```
var loginStatus = false;

if (name == "Admin") {
    loginStatus = true;
}
```

这些选择的决定，是根据对条件的 true（真）和 false（假）值判断的。在本章中我们学习了 if/else 语句及与其类似的 switch 语句的工作机制，在以后的章节中还会看到编程高手自如地运用条件语句。等学习完整本书之后，你对条件语句的应用也会烂熟于心的。

本章内容

- 如何让部分代码重复运行
- 学会使用 for、while、do…while 循环

5

循环语句：FOR、WHILE和DO…WHILE!

当你在编写代码的时候，总会需要让某段代码重复运行多次，比如说，我们有一个函数叫做saySomething，而且需要调用这个函数10次。

一种方法是，把调用函数的代码复制粘贴10遍：

```
saySomething();
saySomething();
saySomething();
saySomething();
saySomething();
saySomething();
saySomething();
saySomething();
saySomething();
saySomething();
```

当然这么做也是能达到我们想要的效果，不过不应该这么做，因为纯粹的复制粘贴可不是好办法。

即便你决定要手动复制代码，但是，在现实工作中这种方法也是不可行的，因为你有可能根本不知道这段代码需要运行几次。代码的重复次数一般是由外部因素决定的，比如说数据集的项目数量、网页服务器调用的结果、某个单词的字母数量，还有其他一些随时改变的条件，不会像上面的例子一样明确告诉你需要重复10遍。更有可能的是，需要重复的次数太多，你根本不想手动复制粘贴上百次上千次，那太可怕了。

我们需要的是一个通用的解决方案，用它来控制代码的重复次数。在JavaScript中，这种解决方案是以一种叫**循环**的方式出现。我们可以有以下三种循环方式：

- for loops
- while loops
- do...while loops

这三种循环可以让你制定需要重复（在这里又叫“循环”）的代码，并在满足一定条件后停止重复。接下来，我们将学会如何使用循环语句。

那我们就开始吧！

For 循环

For语句是最常见的循环语句。For语句的工作原理是让你的代码不断重复，直到表达式的值判断为**false**为止。这样说不太好明白，我们用例子来说明一下。

我们把之前手动复制粘贴调用10次saySomething函数的代码转写成for语句，代码如下所示：

```
var count = 10;

function saySomething() {
    document.writeln("hello!");
}

for (var i = 0; i < count; i++) {
    saySomething();
}
```

如果你把这段代码加入到html文件的script标签里，然后在浏览器上预览，你就会得到图5.1所示的结果。

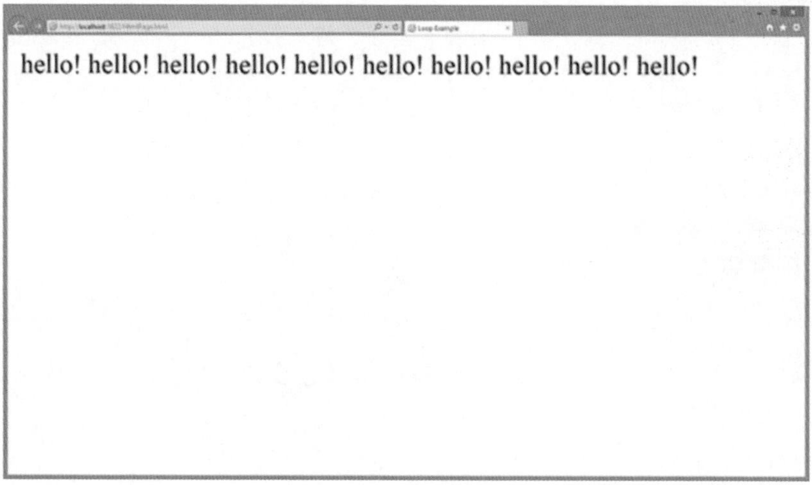

图 5.1

会有 10 个单词“hello!”出现在你的页面上

> **注意** 上图的文字之所以可在页面上直接显示，是因指令 document.writeln 除了 alert 以外另一种可以快速显示文字的功能。document.writeln 可以把想要打印的内容作为参数，运行代码之后，页面上的所有内容将会被所要显示的文字所取代。

使用了for循环语句，这种重复得以实现，所以我们要学好for循环，明白它的工作机制。首先我们来看一下for引导的前面几行代码：

```
for (var i = 0; i < count; i++) {
     saySomething();
}
```

这就是for循环语句，跟之前所学的语句都不一样，我们可以通过图5.2了解for语句和之前所学的有什么不同：

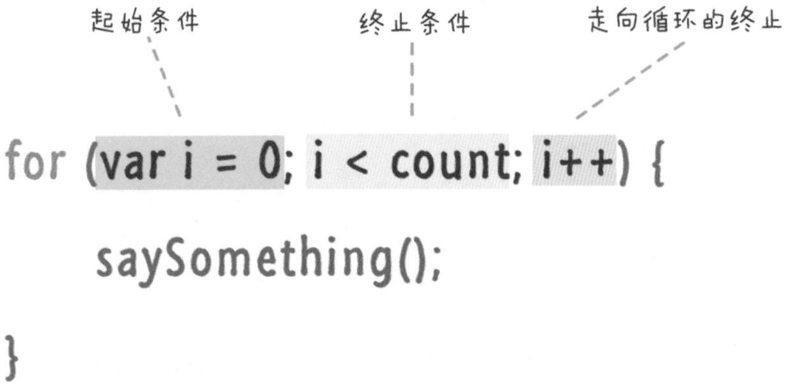

图 5.2

需要注意 for 循环语句的三个参数

上面标记了三种不同颜色的部分，在你的循环语句中扮演着重要的角色。为了用好for循环语句，我们要了解每个部分的功能。这三个部分分别是……

起始条件

首先是要定义起始条件。起始条件一般包括声明一个变量并赋值，比如说我们创建一个变量i，并赋值为**0**：

```
for (var i = 0; i < count; i++) {
     saySomething();
}
```

为了让大家更方便理解，我们一般都会把这种变量命名为一个字母，而且字母i也是最常用的，而变量的赋值一般也是0。至于为什么用数字0，在以后的章节中会解释。

终止条件（可以理解为：达成条件了吗？）

确定了起始条件以后，下一部分就要确定终止条件。这是一种限定循环次数的奇特的方式，而终止条件一般是一个条件表达式（就是前面一章所介绍的），可以返回**true**和**false**值。在本例子中，循环的条件是i小于变量count，也就是10：

```
for (var i = 0; i < count; i++) {
    saySomething();
}
```

如果变量i小于**10**，条件表达式的值为**true**，那么循环继续，如果i大于或等于**10**，条件表达式的值为**false**，循环终止。那么你们可能会疑惑，为什么变量i会从**0**一直加到**10**呢?这正是我们下面要介绍的内容。

走向循环的终止

目前为止我们看到了起始条件，以及作为条件表达式的终止条件，并且在表达式判断为**False**之后才能终止循环，而剩下最后一部分说的是如何从起始条件走到终止条件。

```
for (var i = 0; i < count; i++) {
    saySomething();
}
```

在本案例中，每循环一次，变量i都要增加**1**。我们稍微解释一下这个符号，i++表示无论i的初始值为多少，每一次循环都会递增**1**，只要开始循环，变量就会递增。

汇总一下

至此，我们已经仔细地学习了for语句的每个部分，让这段代码再运行一次，把所学的内容再巩固一下。我们把之前的那段完整的代码再写一遍：

```
var count = 10;

for (var i = 0; i < count; i++) {
    saySomething();
}

function saySomething() {
      document.writeln("hello!");
}
```

首先，代码运行到for循环时，就开始创建变量i并赋值为0，然后再看变量i是否小于count的数值，也就是10。在这个时候for循环下的代码就开始运行了，在本案例中则是调用函数saySomething。当循环语句执行了一次之后，for循环语句运行到最后一步，即变量i增加1。

然后for循环再次开始运行，虽然i不再被赋值，但是，它被设定了每次循环数值都会增加1。目前i的值为2，仍然小于count的值，for循环继续执行。

整个过程不断地重复，直到i的值等于10，这时候i < count不成立，于是跳出循环。最终，函数saySomething被执行了10次。

另外一些 for 循环的例子

在前面的部分我们剖析了for循环的代码，并且详细地讲解了它内部的运行原理。不过对于所有的JavaScript的知识点而言，都无法窥一斑而知全豹，无法用一个例子来涵盖所有内容，所以最好的办法就是列举更多相关的例子。这就是我们接下来的内容。

提前结束循环

有时候你会想在终止条件达成之前结束循环，可以用关键词break来提前结束循环。以下是一个提前结束循环的案例的代码：

```
for (var i = 0; i < 100; i++) {
    document.writeln(i);

    if (i == 45) {
        break;
    }
}
```

当i等于45时，代码会停止循环。虽然这个案例不太真实，但通过学习可以在现实操作中使用。

跳过一次循环

有时候你会想让循环代码跳过当前的循环，进行下一次循环，这时候就需要使用到continue。

continue和break的功能不同，break是结束整个循环语句，而continue则是跳过当前的循环进行下一次循环。continue会在需要修正一些代码上的错误的时候被使用，比如以下这个例子：

```
var floors = 28;

for (var i = 1; i <= floors; i++) {
    if (i == 13) {
        // no floor here
        continue;
    }

    document.writeln("At floor: " + i + "<br>");
}
```

条件的递减

其实变量i不一定要从0开始递增：

```
for (var i = 25; i > 0; i--) {
    document.writeln("hello");
}
```

也可以让数字i从大往小递减，直到循环条件表达式返回**false**值。

可能有人说变量递减比递增更有效率，不过递增和递减哪个效率最佳还没有定论，你可以自由地进行试验，看看能不能注意到在工作效率上有什么不同。

变量不一定要用数字

在for循环语句中，变量i的变化不一定是数字上的递增或递减：

```
for (var i = "a"; i !="aaaaaaaa"; i += "a") {
    document.writeln("hmm...");
}
```

只要循环条件可以终止循环，就可以采用任何方法来编写for语句。在这个例子中，我用一个字母a作为循环的起始条件，每循环一次就增加一个字母a，变量i的值自动变化为a、aa、aaa、aaaa……

列表！列表！列表！

我们现在还没有学到列表，但是在列表和for循环之间总有着“美妙的爱情故事”。在大部分时间里，你需要用循环来遍历整个列表中的数据。我们很快会在**第15章 列表**中正式介绍这部分内容，到时候会讲得更加详细。现在我们看一看下面的代码。

```
var myArray = ["one", "two", "three"];

for (var i = 0; i < myArray.length; i++) {
    document.writeln(myArray[i]);
}
```

这段代码总结起来就是：列表是各项数字的集合。访问并列举列表里的所有数字需要用到循环语句，而且一般会用到for循环。

无论如何，还是提前把列表和for循环成对地讲解了。现在可能大家还看不懂，但是内容很关键，就像昆汀的电影一样，开场看起来像路人的角色，但最后都是关键角色。

这样也可以？

没错，条件语句还可以这样写：

```
var i = 0;
var yay = true;

for (; yay;) {
    if (i == 10) {
        yay = false;
    }
    i++;
    document.writeln("weird");
}
```

你可以不用在for语句中把括号内的三个内容都写上，只要能够满足循环终止条件，想怎么写代码都可以，就像上面写的代码一样。不过你可以这么写但不代表应该这么写。像上面这种代码就属于“可以但不应该做”的那一类。

其他循环语句

除了“倍受宠爱”的for循环以外，还有while和do…while循环语句。之所以还有这另外两种循环语句，肯定有它们存在的意义，虽然我也不知道这个意义是什么……不过出于强迫症，或者让你在看别人的代码的时候能看得懂，还是来快速地学习一下这两个循环语句。

while 循环

while循环的功能是让部分代码重复运行，直到条件表达式返回**false**值：

```
var count = 0;

while (count < 10) {
    document.writeln("looping away!");

    count++;
}
```

在这段代码中，条件表达式为count < 10。在每一次迭代的时候，我们的count就会增加1。当count等于10的时候，表达式count < 10返回**false**值，即会循环终止。这就是while循环的工作原理。

do...while 循环

现在我们来看看循环语句家族中最“相貌平平”的do…while语句。do…while循环的用途甚至比while语句更少。我们知道while语句的条件表达式是在循环开始之前，而do…while循环的条件表达式则是在循环运行的代码之后。我们看下面这个例子：

```
var count = 0;

do {
    count++;

    document.writeln("I don't know what I am doing here!");
} while (count < 10);
```

While循环和do…while循环的主要不同在于，在while语句中如果条件表达式一开始就是**false**，那么下面的代码就不再执行了：

```
while (false) {
    document.writeln("Can't touch this!");
}
```

而do…while循环中，由于条件表达式是在第一次运行之后再开始计算，所以do…while语句的代码至少会运行一次：

```
do {
    document.writeln("This code will run once!");
} while (false);
```

这部分内容是比较无聊，不过这就是本章的最后一点内容了。另外，之前介绍过for循环语句中的break和continue都可以应用在while语句和do…while语句中。

本章小结

本章我们学会了使用 for 循环语句，以及基本掌握 while 和 do...while 循环语句。现在可能并不经常用到循环语句，等到以后接触到更多关于数据集合、HTML 元素、文本处理以及其他复杂情况的时候，循环语句就会自然而然地成为我们赖以使用的工具了。

本章内容

- 学习如何推延代码的执行
- 学习不用中断程序也可以重复运行某段代码的方法

6

计时器

一般代码默认是同步运行的，也就是说当运行到一个代码语句时，这个代码就立刻执行，没有任何推延。虽然JavaScript默认是不能推延执行，但并不代表不能这么做，如果你有这个需要，至少有三种方法能够实现代码的延迟执行。这三种方法分别是函数setTimeout、setInterval和 requestAnimationFrame。

在本章中，我们将会介绍这些函数如何工作的，并且在学会这些基本的JavaScript操作之后，使用代码去实现一些有趣的东西。

三种计时器

本章主要学习setTimeout、setInterval和requestAnimationFrame 三个关于计时器的函数。接下来的部分我们将详细地逐一介绍这三个函数，并说明这三个函数存在的意义。

用 setTimeout 进行推延

setTimeout函数可以让代码延迟执行。使用方法很简单，这个函数可以指定某段代码在若干毫秒（即千分之一秒）后执行。

将这个函数写成JavaScript代码，大概是这种结构：

```
var timeID = setTimeout(someFunction, delayInMilliseconds);
```

再具体一些，如果我们要调用一个叫做showAlert的函数，让它在5秒之后再执行，那么setTimeout函数编写方式如下：

```
function showAlert() {
  alert("moo");
}

var timeID = setTimeout(showAlert, 5000);
```

很简单对吧！说一些比较枯燥的内容，可见代码的最后我们创建了timeID函数并赋值为setTimeout函数。这是有原因的，因为如果你要再次调用这个限定5秒的setTimeout计时器，需要引用某一个东西，所以为了方便调用，要创建一个函数。

不过你可能又会问，我们为什么会要再次调用这个计时器呢？原因不是很多，我能想到的唯一理由就是取消计时器。对于setTimeout，我们有一个专门取消计时器的函数clearTimeout，而变量timeID正好可以作为clearTimeout的参数：

```
clearTimeout(timeID);
```

如果不打算取消计时器，你就可以直接使用setTimeout函数，不需要另外建立一个变量。

不过先不提这些技术型的细节，我们先介绍在什么时候需要使用setTimeout函数。如果你要做前端或终端UI的开发，推延执行代码的操作会比想象中的要多。以下是我最近遇到的例子：

1. 菜单划入后，如果用户在几秒内不再使用菜单，菜单会自动划走。
2. 如果有一个长时操作一直没能完成，setTimeout函数会中断操作，将控制权返回给用户。
3. 我最喜欢的用途是用来测试用户是否活跃，你也可以搜索**setTimeout**，查看更多实用案例。

用 setInterval 循环

第二个计时器函数是setInterval。setInterval函数与setTimeout非常相似，都是将代码推延到指定时间后执行。不同的是setInterval不仅可以将代码推延执行，还可以进行循环执行。

以下是setInterval函数的使用方法：

```
var intervalID = setInterval(someFunction, delayInMilliseconds);
```

除了函数名称不一样，setInterval几乎和setTimeout函数一样，第一个参数制定了内部需要执行的代码或函数，第二个参数则是指定推延执行的时间。也可以把setInterval函数赋值给一个变量，用这个变量做一些其他事情，比如说取消循环。

那么我们来看一个例子，每2秒循环执行一次叫做drawText的函数：

```
function drawText() {
  document.querySelector("p").textContent += "#\n";
}

var intervalID = setInterval(drawText, 2000);
```

在运行这段代码之前先确保HTML文件中包含有一个p元素，才能在这个p元素后加上#号并换行。

如果你要取消循环，可以使用claerInterval函数：

```
clearInterval(intervalID);
```

函数clearInterval和函数clearTimeout用法类似，需要在括号内输入一开始设置的setInterval变量作为参数。

关于setInterval函数有一个有趣的说法，在很长的一段时间里这个函数是我们用JavaScript制作函数的重要工具。如果你要制作一个每秒60帧的动画，需要编写这样的代码：

```
// 每秒 60 帧的动画，每一帧需要的毫秒数为 1000 除以 60
window.setInterval(moveCircles, 1000/60);
```

setInterval是一个实用性很强的函数，在接下来的内容中，你会看到许多本人所写的相关案例和文章的网页链接。

用 requestAnimationFrame 制作平滑动画

接下来就是我最喜欢的函数：requestAnimationFrame。requestAnimationFrame函数是通过浏览器刷新使代码同步运行。稍微解释一下，由于你的浏览器在每一段时间里都处理上亿个不同的事件——摆弄网页框架、响应页面滚动、响应鼠标单击、显示键盘输入的内容、执行JavaScript代码、加载资源等。你的浏览器一直在同步执行这些任务，而网页的重绘一般是每秒60帧，或者是接近60帧。

如果你要用代码制作动画，需要让你的动画代码正常运行，避免因浏览器运行其他程序而导致掉帧。使用setInterval函数并不能保证不掉帧，要使动画代码被特殊对待，你需要用到requestAnimationFrame函数。这个函数可以保证你的动画被浏览器特殊照顾，这样能够保证代码在准确的时间里完美地运行，从而避免掉帧和不必要的代码运行，并且控制其他循环代码不受干扰。

使用requestanimationframe函数的方法与setTimeout和setInterval相似：

```
var requestID = requestAnimationFrame(someFunction);
```

不同点在于你不需要指定一个推延时间的值，因为这个事件是根据当前的帧率自动计算产生的，无论Tab键能否响应，设备电池是否运行，无论是否出现了不可控、不可理解的事件，都不影响这个时间值。

无论如何，像requestAnimationFrame函数的这种用法只有在教科书才会出现，在现实操作中，我们不可能像这样只是简单地调用requestAnimationFrame函数。对于JavaScript的动画而言，最重要的是动画的循环，而这个循环代码正是requestAnimationFrame语句下的内容。完整的函数语句内容如下：

```
function animationLoop() {
```

```
  // 动画相关的代码

  requestAnimationFrame(animationLoop);
}

// 开始动画的循环!
animationLoop();
```

注意，我们在animationLoop函数中用requestAnimationFrame调用animationLoop函数。这并不是代码出现Bug。一般这种循环引用会导致程序停用，而requestAnimationFrame函数则可以避免这一问题，它保证了animationLoop 函数在合适长度的时间循环调用，这个时间长度正是重绘屏幕、创建平滑动画所需要的时间。这一功能的实现并不会停止应用程序的其他功能。

要停止requestAnimationFrame 函数循环，可以用cancelAnimationFrame 函数：

```
cancelAnimationFrame(requestID);
```

这个函数和之前见到的一样，把赋值为requestAnimationFrame函数的变量作为cancelAnimationFrame函数的参数。如果你需要终止循环，可以把animationLoop的函数代码改成这样子。

```
var requestID;

function animationLoop() {
 // 动画相关的代码

  requestID = requestAnimationFrame(animationLoop);
}

// 开始动画循环!
animationLoop();
```

注意：我们在使用requestAnimationFrame 函数的时候总会设置一个变量requestID，然后就可以把requestID作为cancelAnimationFrame的参数来终止循环。

本章小结

计时器这种工具和之前所学的不一样，之前所学的都是 JavaScript 一定会用到的必学的内容，而计时器只适用于特定的范畴。你可以不使用 setTimeout、setInterval 或者 requestAnimationFrame 函数也能编出很棒的程序。但这不意味着我们不用学这些内容，因为在实际开发中总会遇到推延代码执行、持续循环代码、制作精致动画的情况。了解了这些知识，在遇到这种情况之后，即使不会写代码，也能知道怎么样搜索或求助。

本章内容

- 了解全局作用域
- 熟悉各种使用局部作用域的技巧
- 了解各种可能导致代码出现意外的问题

7

变量作用域

让我们回顾一下**第2章 值与变量**的内容，每一个声明的变量都有一定的可访问范围，这决定了你何时可以调用这个变量。简单来说，你所声明的变量并不是任何时候都能使用，关于这一点，我们需要了解一些相关知识，这个知识点就是所谓的**变量作用域**。

在本章中，我将会用大家都见过的例子来解释什么是变量作用域。这是一个复杂的知识点，但我们只会浅尝辄止，因为在后面的章节里，变量作用域的例子会一一出现，到时候再展开来讲。

那我们现在开始吧！

全局作用域

我们将从全局作用域开始讲起。在现实生活中，我们说某个事物是全局的，就意味着这是全世界的人都能理解的，如图7.1所示。

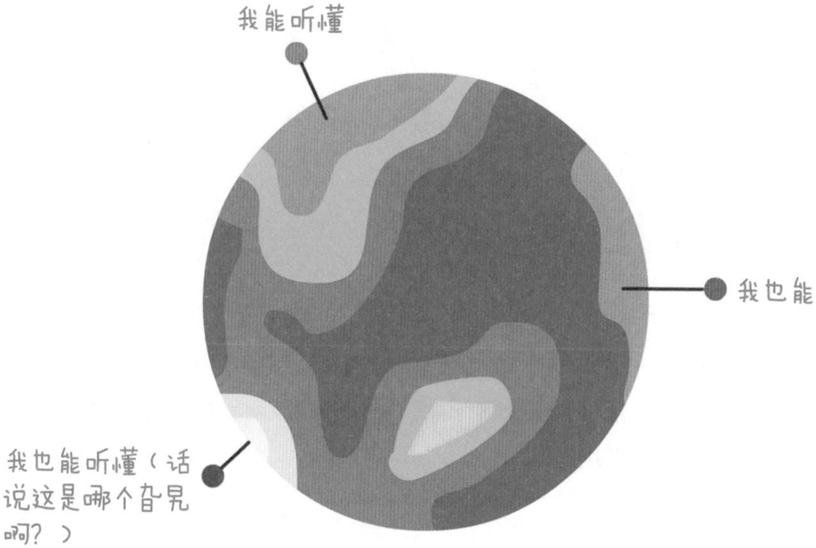
我能听懂
我也能
我也能听懂（话说这是哪个旮旯啊？）

图 7.1

全局的东西总能被所有人理解

在JavaScript中，道理也是一样的。如果某个变量是全局的，就意味着在代码的任何地方都可以进入、读取并修改这个变量。创建一个全局作用域的变量，需要在函数之前声明变量。

为了说明这一点，我们来看下面这个例子：

```
<script>
var counter = 0;
</script>
```

在代码中只是声明了一个叫做counter的变量，并赋值为0。由于变量直接在script标签中声明，而不是在一个函数内声明，所以变量counter的作用域是全局的。这就意味着变量counter可以在文件中代码的任何地方进行访问。

下面的代码说明了这一点：

```
var counter = 0;

function returnCount() {
    return counter;
}
```

在这个例子中，变量counter在函数returnCount之前声明，尽管如此，我们依然可以在returnCount函数中使用这个变量。

到这里，你们可能会疑惑，为什么要介绍这些显而易见的东西。毕竟我们一直以来用的都是全局作用域的变量，所以没有留意这一点。我这么做是要给你们介绍一位客人，他一直在你的代码身边游荡，如果一不小心，它随时可能会给代码造成混乱。

注意 我之所以对**“全局”**定义得非常抽象是有原因的，正如之前正式描述的那样，需要介绍很多背景故事来解释它。如果你对 JavaScript 足够了解（或者想要了解更多知识），可以继续阅读，如果不是，你可以选择跳过这段继续下面的部分。

无论如何，如果在JavaScript中是全局的，那么它在浏览器中也是只属于window对象的。这是对“在函数之前声明变量”的更精确的说法，你可以验证一下，看看counter和window.counter是不是同一个内容：

```
alert(window.counter == counter);
```

代码的最终结果是**true**，因为你确实在引用同一个东西。

明白了全局变量属于window对象后，你也就明白了为什么全局变量可以在文件中的任何地方被引用，因为编写的所有代码（包括你在这本书看到的所有代码）都从属于window对象。

局部作用域

那么我们再观察那些不是全局作用域的变量。通过学习局部作用域，我们才能真正了解为什么作用域很重要。我们之前介绍过，全局变量可以在函数内部引用：

```
var counter = 0;

function returnCount() {
    return counter;
}
```

如果反过来的话就不行，在函数内部声明的变量，在函数外部就不能引用：

```
function setState() {
    var state = "on";
}
setState();

alert(state) // noooooooooooo
```

在这个例子中，变量state是在函数setState内声明的，并且在函数外引用了这个变量，这时候引用失败了，原因是变量state只对setState函数有效。用更常见的说法，这个state变量只是局部的变量。

注意 我们前面提到过在声明变量的时候可以不用关键词 var，但是如果在函数内声明变量的时候不用关键词 var，变量的作用域会变得不一样：

```
function setState() {
    state = "on";
}
setState();
alert(state); // on
```

在这种情况下，尽管state变量的声明出现在setState函数中，如果不使用关键词var，那么这个变量就会变成全局变量。

千万要记住，没有关键词var声明的变量，其作用域是全局作用域。

各种其他作用域

既然我们介绍的是JavaScript语言，如果变量作用域只讲到这里就有点太简单了。接下来的部分我将重点标出那些需要记住的奇怪的作用域。

用 var 声明的变量不支持块级作用域

在解释这个标题之前我们先看一段代码：

```
function checkWeight(weight) {
    if (weight > 5000) {
        var text = "No free shipping for you!";
        alert(text);
    }
    alert(text); // how did it know??!
}

checkWeight(6000);
```

其中标出的高亮部分的代码需要特别注意。在if语句中，我们声明了一个text变量。当代码运行的时候，if语句下的alert函数显示了文本No free shipping for you!，这是可以理解的，但是不能理解的是if语句外的alert函数也可以显示文本No free shipping for you!。

我们来看一下发生了什么。变量text的声明场所，是在一个叫做**“块”**的代码里，这个“块”的范围是在一对花括号{}里的代码。在许多编程语言里，如果变量在块里声明，那么它的作用域仅限于这个块，这意味着在块之外无法引用这个变量。

JavaScript与这些编程语言不一样，它并不支持块的作用域。就像刚才我们看到的代码，变量text虽然在一个块里声明，但是在JavaScript里，这个声明和在函数内的第一行声明的效果是一样的：

```
function checkWeight(weight) {
    var text;

    if (weight > 5000) {
        text = "No free shipping for you!";
        alert(text);
    }
    alert(text);
}

checkWeight(6000);
```

在这段代码中，checkWeight函数的作用和之前的那段代码是一样的。

需要重申一遍，在JavaScript中只有两种作用域，第一种是全局作用域，这种变量需要在函数之外声明。第二种是局部作用域，这种变量是在任意函数的内部进行声明的。

注意 最新版的 JavaScript（ECMAScript6/ES2015 改进的一部分）引入了关键词 let，使你能够声明一个块级作用域的变量：

```
var x = 100;

function blockScoping() {
    if (true) {
        let x = 350;
        alert(x) // 350
    }
    alert(x); // 100;
}
blockScoping();
```

JavaScript 是如何处理变量的

如果你以为刚才的块级作用域已经很奇葩了，还是先看看下面这段代码吧：

```
var foo = "Hello!";

function doSomethingClever() {
    alert(foo);

    var foo = "Good Bye!";
    alert(foo);
}

doSomethingClever();
```

仔细看看这个代码，你觉得这两个alert函数的最终结果是什么？你可能会回答说，第一个显示Hello!第二个显示Good Bye!。然而真正的情况是，第一个显示结果是undefined（未定义），第二个显示结果为Good Bye!。我们来看看究竟是为什么。

在代码的上方，我们给变量foo赋值为Hello!，doSomethingClever函数中，第一行代码就是用alert函数显示变量foo。而在下面一行，我们又重新声明了foo变量，将其赋值为Good Bye!。

```
var foo = "Hello!";

function doSomethingClever() {
    alert(foo);

    var foo = "Good Bye!";
    alert(foo);
}

doSomethingClever();
```

因为第一个alert在变量foo的重新定义之前，所以我们认为根据逻辑第一个foo的值为Hello!。然而我们刚才看到的结果并不是这样，alert的结果最终是undefined。想要知道原因，我们需要了解JavaScript是如何处理变量的。

当JavaScript遇到一个函数时，它做的第一件事情就是扫描整个函数，看看有没有任何声明的变量，如果有的话，这些变量都会被初始化为undefined。由于doSomething-Clever函数中声明了变量foo，所以在代码运行到alert之前，foo已经被赋值为undefined了。最终，代码运行到var foo= “Good Bye!”的时候，变量foo已经被正式赋值了，但对于第一个alert函数并没有影响，而第二个alert函数显示的结果是再次声明的变量foo。这样的流程有一个名字，即**“提升”**或**“变量提升”**。

当你在函数里再次声明一个变量的时候，一定要牢记这个案例和变量提升的情况，你肯定不想在出现了异常后再追究变量的值为什么不是预想的那个值。希望这一点小知识能够派得上用场。

闭包

谈到变量作用域就一定要说到**闭包**，不过我现在并不想讲闭包的问题，因为这个重要的知识点将会在独立的章节里详细地讲解。这个独立的章节就在……下一章!

虽然这部分不做详细讲解，但是还是要说点什么，那就稍微总结一下吧。

这就是本章节的总结：闭包表面很简单，实践起来有点难，完全掌握怎么办？实践以后把书翻。

好吧！我不太擅长作总结，也不太擅长什么顺口溜，我保证以后一定好好学一学……

本章小结

变量声明的场所决定了它的作用域。全局作用域的变量可以在整个程序里被引用，而局部作用域的变量只可以在它声明的场所中使用。有了全局作用域和局部作用域，JavaScript 的可操作空间就大了很多。

本章介绍了变量作用域对代码的影响，在后面的章节，这些重要的概念还会被继续提到。

本章内容

- 了解什么是闭包
- 将之前所学的函数、变量、作用域联系起来

8

闭包

目前为止，我们已经学会了函数以及函数的功能。在现实工作中，要运用JavaScript的函数就要理解什么是**“闭包”**。闭包处在一个函数和变量作用域之间交叉的灰色地带，如图8.1所示。

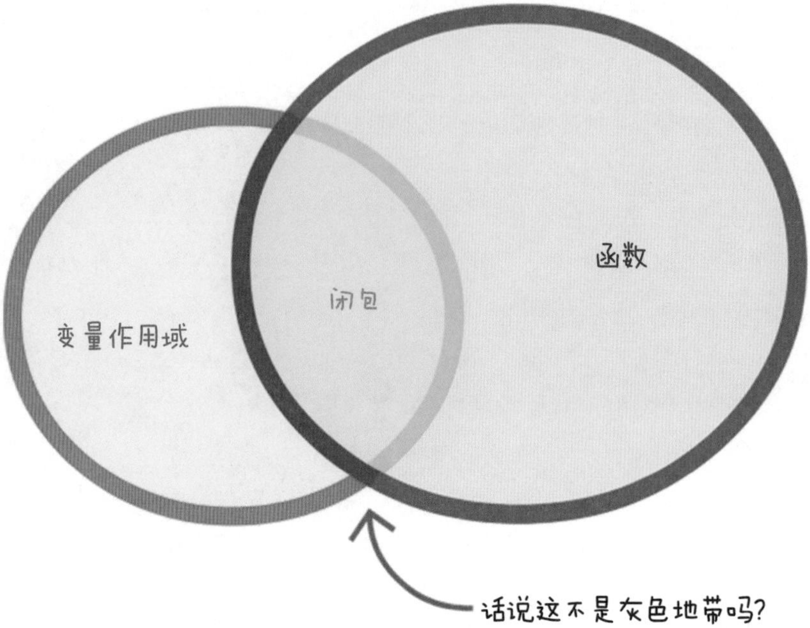

图 8.1

函数与变量作用域的交叉地带

现在我暂且不进行仔细地说明，最好的讲解方法是通过实例来理解，因为现在介绍的任何内容都会对各位产生疑惑。在下面的部分中，我们会从熟悉的内容开始讲解，然后再慢慢地进入到闭包的内容。

那么我们就开始吧！

函数里的函数

首先我们先看一下在一个函数里包含另一个函数的情况。我们要返回在函数内部的那个函数。在这之前，先简单回顾一下函数的内容。

我们看看下面这段函数：

```
function calculateRectangleArea(length, width) {
    return length * width;
}
```

```
var roomArea = calculateRectangleArea(10, 10);
alert(roomArea);
```

函数calculateRectangleArea有两个参数，通过代码对函数的调用，最终返回的值是两个参数的乘积。在这个函数里，我们用了一个roomArea变量来调用函数。

代码运行以后，变量roomArea 包含了两个参数的乘积，即10*10，最终结果是100。图8.2显示了这种关系：

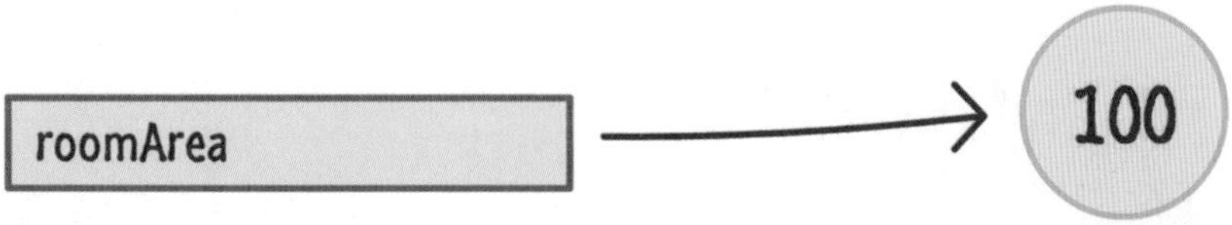

图 8.2

房间（roomArea）不是矩形吗？怎么得数显示了个圆？:-(

我们知道，函数可以返回任何类型的值，上面的例子返回的是一个数值，除此之外还可以返回文本（又叫字符串）、undefined值以及自定义对象等，只要调用函数的代码能够对函数返回的值做出处理。除此之外，还可以返回一个函数，我们接下来正要介绍这一点：

下面我们来看一下这个例子：

```
function youSayGoodbye() {

    alert("Goodbye!");

    function andISayHello() {
        alert("Hello!");
    }

    return andISayHello;
}
```

在一个函数里可以出现另一个函数。在这个例子中，youSayGoodbye函数包含了一个alert函数和一个叫做andISayHello的函数：

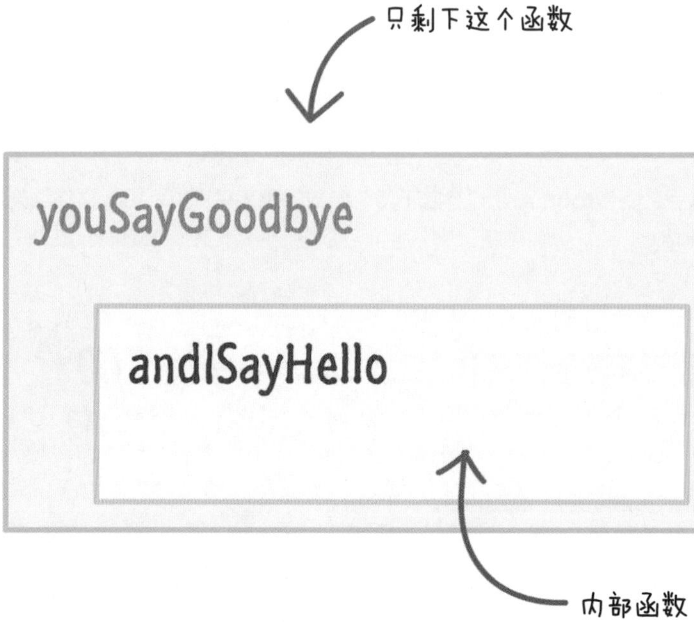

这段函数有趣的地方在于，调用youSayGoodbye函数后返回的值。这段代码里所写的是返回andISayHello 函数：

```
function youSayGoodbye() {

    alert("Goodbye!");

    function andISayHello() {
        alert("Hello!");
    }

    return andISayHello;
}
```

我们再看下面这个例子。为了方便调用这个函数，把youSayGoodbye函数赋值给一个变量：

```
var something = youSayGoodbye();
```

这一行的代码运行时，函数youSayGoodbye的所有代码都会运行。这意味着你会看到一个对话框（由于有alert函数）显示Good Bye!，函数andISayHello 被返回。要注意的是，andISayHello函数并没有运行，因为实际上还没有调用这个函数，只是返回了一个它的引用。

在这种情况下，变量something的眼里只剩下andISayHello函数：

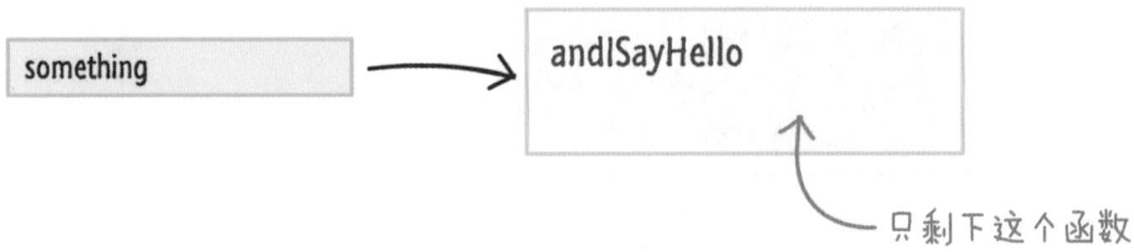

在变量something眼里，函数youSayGoodbye已经不在了，因为这个变量现在指向了andISayHello函数。你可以通过调用这个变量来调用函数，调用方法就是之前所介绍过的，在变量名称后面加上一对闭合的圆括号：

```
var something = youSayGoodbye();
something();
```

运行这段代码后，就会返回内函数（即函数andISayHello），所以你会看到一个对话框，但里面显示的是Hello!，这正是内函数中alert函数所指定的值。

好的，我们越来越接近所谓的“闭包”了。接下来我将会用一些比较绕的案例来拓展刚才所学的内容。

当内部的函数不是独立的函数时

在前面的例子中，内部函数andISayHello是一个独立的函数，并不依赖于外部函数的变量而存在。

```
function youSayGoodbye() {

    alert("Goodbye!");

    function andISayHello() {
        alert("Hello!");
    }
```

```
    return andISayHello;
}
```

在许多真实的情境中，很少会有内部函数是独立的函数。通常情况下内部函数需要和外部函数共享变量和数据。为了说明这一点，我们先看一下这个例子：

```
function stopWatch() {
    var startTime = Date.now();

    function getDelay() {
        var elapsedTime = Date.now() - startTime;
        alert(elapsedTime);
    }

    return getDelay;
}
```

这个例子展示了一个简单的测量时间长度的方法。在stopWatch函数中，有一个变量startTime，它的值为Date.now()：

```
function stopWatch() {
    var startTime = Date.now();

    function getDelay() {
        var elapsedTime = Date.now() - startTime;
        alert(elapsedTime);
    }

    return getDelay;
}
```

注意 Date.now() 函数是我们目前没接触过的函数，这个函数的功能是返回一个巨大的数字表示当前时间的值。具体来说，这个巨大的数字是自标准时间 1970 年 1 月 1 日 00:00:00 至当前时间的毫秒数。

除此之外还有一个内部函数getDelay:

```
function stopWatch() {
    var startTime = Date.now();

    function getDelay() {
        var elapsedTime = Date.now() - startTime;
        alert(elapsedTime);
    }

    return getDelay;
}
```

调用getDelay函数会显示一个对话框，包含之前声明的变量starTime和新调用的函数Date.now()。

回到外部函数stopWatch，在退出这个函数之前，我们返回了getDelay函数。和之前的例子很像，我们有一个外部函数、一个内部函数，并且用外部函数调用内部函数。

如果需要让stopWatch 函数运作，只要添加以下几行代码：

```
var timer = stopWatch();

// do something that takes some time
for (var i = 0; i < 1000000; i++) {
    var foo = Math.random() * 10000;
}

// call the returned function
timer();
```

运行了这一段代码之后，会弹出一个对话框并显示从给timer变量赋值，for循环运行完毕，再到timer变量被调用整个过程所花费的毫秒数。

也就是说，这个代码先是调用stopwatch函数，还有一个需要运行一段时间的操作，最后再调用函数来测量这个操作的时长

明白了stopwatch如何运行之后，我们再回到函数本身，看看发生了什么。这个例子和之前提到过的youSayGoodbye/andISayHello函数非常相似。不同的地方在于getDelay函数被返回到变量timer上。

下面是一个不那么完整的可视化图：

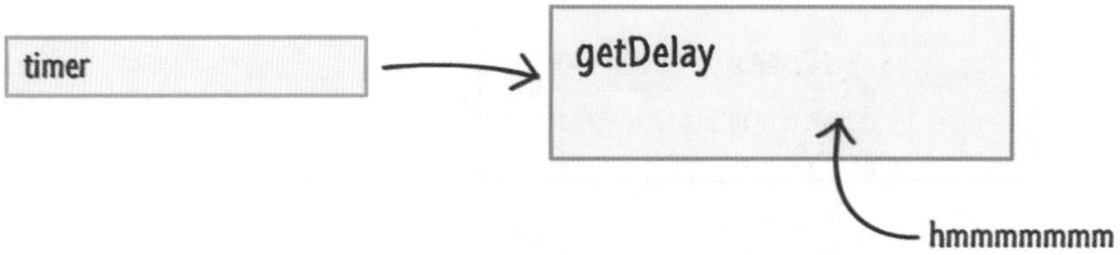

外部函数stopWatch不再起作用，而timer变量依然和getDelay函数连在一起。不一样的地方在于，getDelay函数需要依赖存在于外部函数的变量startTime才能运行。

```
function stopWatch() {
    var startTime = Date.now();

    function getDelay() {
        var elapsedTime = Date.now() - startTime;
        alert(elapsedTime);
    }

    return getDelay;
}
```

当外部函数stopWatch运行，并在getDelay返回到timer变量后，下面的代码又做了些什么呢？

```
function getDelay() {
    var elapsedTime = Date.now() - startTime;
    alert(elapsedTime);
}
```

从上下文来看，似乎startTime变量返回undefined更合理？然而这个例子表明startTime是有值的，原因就是隐藏在背后的神秘的**"闭包"**。我们来看一看是什么让startTime变量有了一个值而不是undefined。

JavaScript执行环境在追踪变量、内存使用和引用等功能非常智能。在这个例子中，JavaScript检测到内部函数getDelay依赖于外部函数stopWatch的变量，之后执行环境会确保外部函数的变量在内部函数依然可用，即便外部函数已经不可用了。

下面的这个可视化图显示了变量timer的作用:

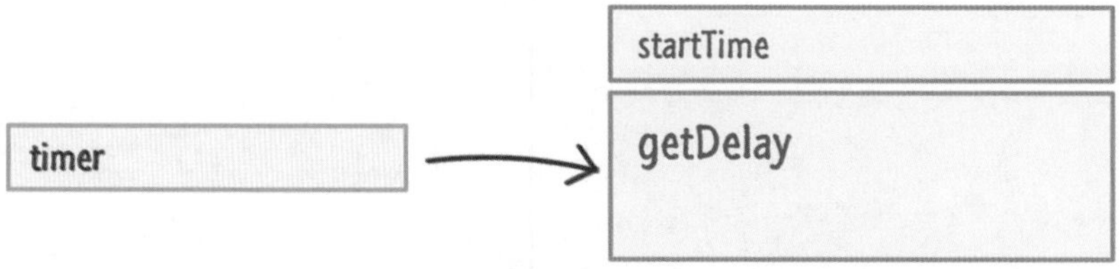

Timer依然作为getDelay函数的引用，但是getDelay函数依然可以进入外部函数stopWatch的变量startTime。这个内部函数，由于它将相关变量从外部函数包围起来（这个包围即作用域），所以我们把它叫作**闭包**。

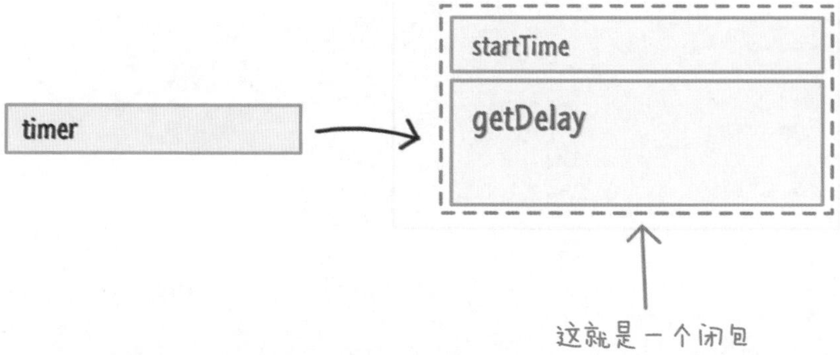

为了给闭包一个更正式的定义，我们给它创建了一个公式，公式还包含了一些说明：

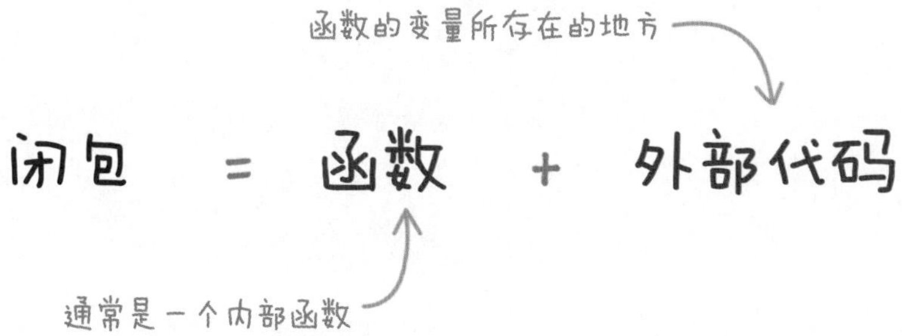

我们通过上述的例子再回顾一下，在变量timer被赋值，且stopWatch函数运行时，变量startTime被赋予Date.now值。当stopWatch返回内部函数getDelay函数后，stop-Watch函数就不再起作用，甚至可以当它消失了。没有消失的是与内外函数共用的变量，这个共用的变量并没有随着函数消失，而是进入了内部函数的闭包。

本章小结

通过本章的例子来讲解什么是闭包，避免了许多无聊的定义和理论，读者在学习的时候也不用两手一摊了。严肃地来说，闭包在 JavaScript 非常普遍，你会在一些很细微或者不那么细微的地方碰到闭包的问题。

总结起来只有一点：闭包的作用是让函数代码的环境变化或消失以后，这个函数继续运作。这样一来函数内创建的变量被保护起来，保证了外部函数的继续存在。这种机制对于像 JavaS-cript 这种动态的编程语言非常重要，因为你要经常创建、修改和销毁一些东西。总之，我们继续愉快学习吧！

本章内容

- 了解关于代码存放的不同位置
- 了解不同方法的优缺点

9

你的代码应该放在哪里?

本章我们不讲代码，只讲一些比较宏观但又比较基础的问题。我们现在讲一讲JavaScript代码应该写在哪儿的问题。

那我们开始吧!

这一章我们休息一下，不讲怎么编程。

几种选择

目前为止，我们的代码基本上都是嵌入在HTML代码中，结构形式如图9.1所示。

图 9.1

目前我们所有的 JavaScript 代码与 HTML 和 CSS 一样，都在 HTML 文件里在HTML文件中，将JavaScript和HTML代码分隔开的是一对script标签。不过JavaScript其实也可以不用在HTML文件中生存，你可以有其他的选择，比如说创建一个单独的文件存放JavaScript代码，如图9.2所示。

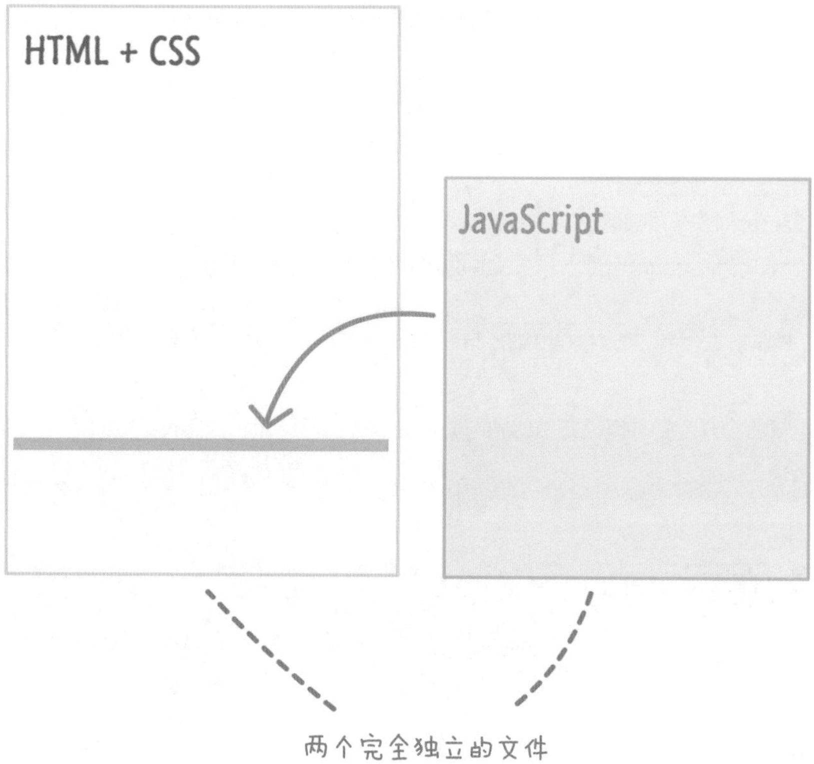

图 9.2

你可以把 JavaScript 代码放在一个单独的文件里

这种编写方法，在HTML文件中不再有JavaScript代码，不过依然保留script标签，只是这对标签并不是真正地包含JavaScript代码，而是指向JavaScript文件。

当然，这两种方法并不会互相排斥，你可以在一个HTML文件中，既有直接在文件上编写的JavaScript代码，也有链接到独立的JavaScript文件，这种结构如图9.3所示。

更有趣的是，你可以在同一个HTML文件中有多个script标签，同时也可以链接多个外部的JavaScript文件。接下来我们将会详细讲述这些编写方法，并讨论这些方法适合在什么时候使用。

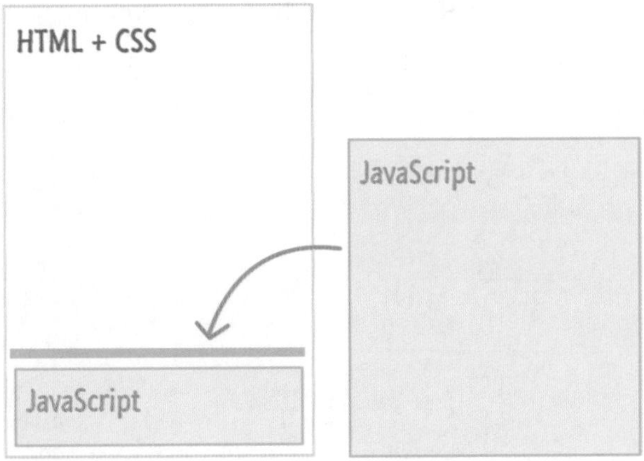

图 9.3

同一个 HTML 文件可以同时存在内部的 JavaScript 代码和外部的 JavaScript 文件链接

本章将会介绍各种编写方法的利与弊，这样在编写网页和应用代码的时候你就能做出正确的选择。

方法 1：所有 JavaScript 代码写在 HTML 文件上

第一种方法是我们一直以来的使用方法，也就是把JavaScript写在HTML文件的script标签内：

```
<!DOCTYPE html>
<html>
<body>

    <h1>Example</h1>

    <script>
        function showDistance(speed, time) {
            alert(speed * time);
        }

        showDistance(10, 5);
        showDistance(85, 1.5);
        showDistance(12, 9);
```

```
        showDistance(42, 21);
    </script>
</body>
</html>
```

当浏览器加载这段代码的时候，浏览器会从上到下运行每一行HTML代码。当浏览器运行到script标签的时候，便开始加载所有JavaScript代码。JavaScript代码运行完毕后，继续执行下面的代码。

方法 2：把代码单独写在一个文件里

第二种方法并不是在HTML文件里编写JavaScript代码，而是把所有JavaScript代码写入单独的文件。实现这一方法需要两个步骤，首先是要做一个JavaScript文件，其次是要把这个文件链接到HTML文件。我们来看看如何实现这两个步骤。

JavaScript 文件

实现第二种方法的关键在于单独存放JavaScript的那个文件，这个文件可以任意命名，不过这个文件的拓展名必须为.js。比如说，为JavaScript文件命名为**example.js**：

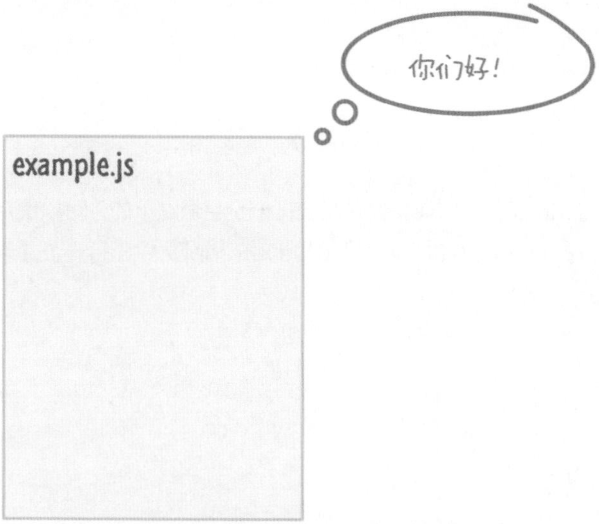

在这个文件中，我们只写JavaScript代码：

```
function showDistance(speed, time) {
    alert(speed * time);
```

```
}

showDistance(10, 5);
showDistance(85, 1.5);
showDistance(12, 9);
showDistance(42, 21);
```

原来在HTML文件的script标签下的代码全部挪到这里。这样一个单独的文件是什么都做不了的，这个文件不能插入任何HTML或CSS的代码，因为浏览器识别到非JavaScript的内容会报错。

引用 JavaScript 文件

创建了JavaScript文件之后，第二步（也是最后一步）就是把这个文件链接到HTML文件中。我们依然要用到script标签，具体来说，就是在script标签下使用关键词src把JS文件引用到HTML文件中：

```
<!DOCTYPE html>
<html>
<body>
    <h1>Example</h1>

    <script src="example.js"></script>
</body>
</html>
```

在这个例子中，JavaScript文件和HTML文件是在同一个目录之下的，可以使用相对路径，也就是直接引用JavaScript的文件名。如果你的JavaScript文件在另一个文件夹中，应该把JavaScript文件路径写清楚：

```
<!DOCTYPE html>
<html>
<body>
    <h1>Example</h1>

    <script src="/some/other/folder/example.js"></script>
</body>
</html>
```

在这种情况下，script就开始寻找地址的根目录，从文件夹**some**和**other**再到**folder**逐层打开，最终找到**example.js**。当然如果你想的话，也可以直接使用绝对路径：

```
<!DOCTYPE html>
<html>
<body>
    <h1>Example</h1>

    <script src="http://www.kirupa.com/js/example.js"></script>
</body>
</html>
```

无论是相对路径还是绝对路径都可以保证代码运行正常。由于HTML文件和JavaScript文件之间相对位置有可能会变化（比如JavaScript文件处在一个模板、服务器、第三方图书馆等），所以最好是采用绝对路径。

关于文件解析以及 SCRIPT 标签在文件中的位置问题

在前面的部分稍微提到过script标签是如何执行的。浏览器在解析HTML文件的时候是从上往下逐行运行的。当运行到script标签的时候，浏览器就开始执行标签内的代码，而这个执行过程同样也是逐行进行的，在这个过程中，HTML文件的要做的其他事情都处于次要位置。如果script标签引用的是一个外部文件，浏览器会先下载这个文件，然后执行文件中的内容。

这种浏览器的线性地解析文档会有一个有趣的副作用，就是你需要考虑script标签的文职问题。从理论上讲，script标签可以放在HTML文件的任何地方，然而你需要指定一个最好的位置。由于浏览器在执行JavaScript部分的时候会停止所有的其他工作，因此，一般来说会把script标签放在HTML文件的最底下，让其他HTML元素先运行。

如果script标签放在文件最上方，浏览器会在运行JavaScript代码的时候停止其他一切代码的运作。所以如果JavaScript文件过大或者文件执行需要较长时间的话，可能会导致HTML网页只能加载一半或者无法响应。除非不得不先运行JavaScript代码，否则script标签最好是放在HTML的最底部，就跟之前的例子一样。把script标签放在最后还有一个优点，我们后面在学习DOM和网页加载的知识的时候会详细解释。

所以……该用哪一种方法呢？

我们的代码存放方式主要有以下两种：

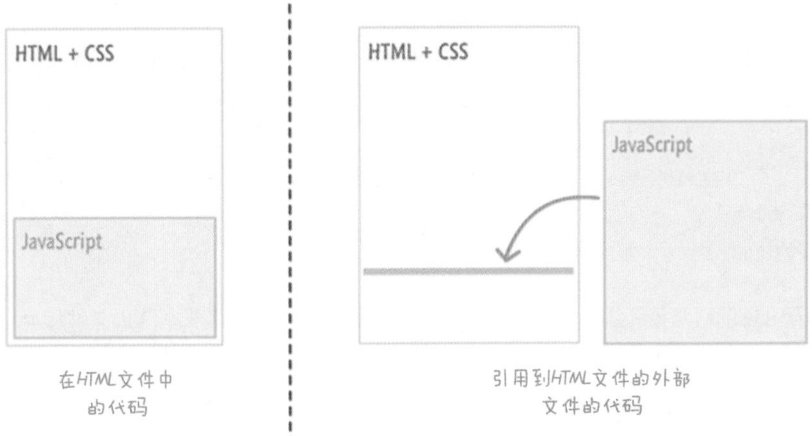

首先你要回答这么一个问题：是否需要把同一个JavaScript代码放在多个HTML文件中使用?

是的，我需要把同一个代码放在多个 HTML 文件！

如果回答是肯定的，那么你可能更需要做一个外部的JavaScript文件，再在HTML文件中需要执行的地方进行引用。理由是，你不需要在多个文件中重复编写代码。

如果你的代码复制在多个HTML文件中，当JavaScript代码需要变更的时候，你需要对每一个HTML进行同一处更改，这对你来说绝对是个噩梦。当然，如果你是调用某个模板或者服务器端包含的逻辑，这时候只有一个HTML片段在你的JavaScript中，这样维护就不是什么大问题了。

使用这种方法的理由还和文件大小有关。如果你把JavaScript代码复制在每个HTML文件中，每一次用户在加载这些网页时，都要下载一遍代码。如果代码量比较少，问题还不大；如果JavaScript都是好几百行的代码，那网页文件的容量就开始慢慢变大了。

如果你把这些代码都放在一个文件里，那么上面的这些问题都不存在：

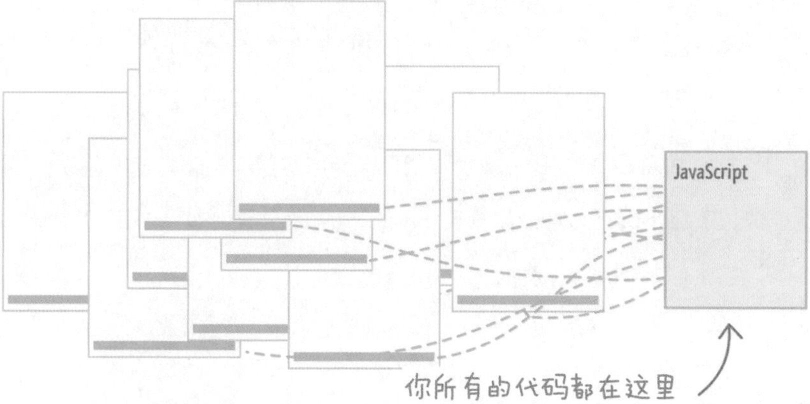

这样一来，代码的维护就很简单，因为代码的更改只要在一个文件中进行。任何引用这些代码的HTML文件会在加载的时候自动接收最新的代码。把JavaScript代码都放在一个文件里，浏览器也只需要下载一次代码，在下一次访问代码的时候只需要缓存文件即可。

不，我的代码只在一个 HTML 文件中使用，而且只用一次！

如果回答是否定的，那两种方法你想用哪个都行。你依然可以把代码写在单独的文件里，只是优点就没有之前那种情况明显了。

在这种情况下把代码写在HTML也可以，一般情况下你可以在HTML中看到整个JavaScript代码。但是这种情况不适用于把同一段代码引用在多个HTML文件中的情况，也不适用于JavaScript代码太长的情况，因为这样一来，代码的可读性还不如放在一个单独的文件里。

本章小结

如你所见，即便是像“把代码放在哪里比较合适”这种简单的问题也需要花上十几页来讨论。这个就是HTML和JavaScript的世界，在这个世界里，没有东西是非黑即白的。回到正题，一个典型的HTML文件一般会包含许多外部JavaScript文件的链接。有的文件是你自己的文件，而有一些则是第三方创建的包含在你的文件中的文件。

另外，我们在一开始就展示过在HTML文件中同时将直接写入代码和引用代码混合起来使用的方法。这种混合的办法也很常用，但最终采用哪种方法还是取决于你自己。希望这一章节能够帮助你做出正确的决策。在**第32章**页面加载事件中，我们会从页面加载的角度和其他特殊因素的角度来更深入地探讨这个问题，现在先不用想那么多。

本章内容

- 了解代码注释的重要性
- 熟悉 JavaScript 的句法以便书写注释
- 学会理解如何做好注释

10

给代码加上注释

继续休息一下，因为本章依然不讲怎么写代码，现在我们要讨论的问题——你在代码编辑器所写的代码似乎只是给浏览器看的：

```
var xPos = -500;

function boringComputerStuff() {
  xPos += 5;

  if (xPos > 1000) {
    xPos = -500;
  }

  requestAnimationFrame(boringComputerStuff);
}
```

不过你很快就会知道，你的代码不是只给浏览器看的，还要给人看。

你的代码通常要被其他人检查或者使用，尤其是在团队中做JavaScript开发的时候，你经常要看队友们写的代码，他们也会看你的代码。你要保证你的代码能让其他人能读得懂。即便是自己一个人也是一样的，一段复杂的函数可能今天看得懂，可能下一周你就读不懂了。

要解决这一问题有很多种办法，最好的办法就是给代码加**注释**。在这简短的一章里，我们将会学习什么是注释，如何给JavaScript添加注释，并结合一些练习来学会如何使用注释。

那我们就开始吧!

什么是注释?

注释就是你在代码中写给人看的内容：

```
// 这是为了报复你不带我去生日派对！
var blah = true;

function sweetRevenge() {
  var blah = true;

  while (blah) {
    // 显示无数个对话框！哈哈哈哈哈哈！！！
    alert("Hahahaha!");
  }
}
sweetRevenge();
```

在这个例子中，注释的左侧都会有两个斜杠//，这两个斜杠提供的都是对代码没什么用的信息。

注释是代码中不会运行，也不会被执行的内容。JavaScript代码会忽略你的注释，它不会在意你说了些什么，所以你不必在意语义是否正确，不用管标点、拼写等，这些只有在写代码的时候要注意。注释的存在只是为了让我们理解这段代码都写了些什么。

注释还有一种用法——把你不想执行的代码转成注释，它们就不会被执行了：

```
function insecureLogin(input) {
  if (input == "password") {
    //var key = Math.random() * 100000;
    //processLogin(key);
  }
  return false;
}
```

这两行代码依然可以在代码编辑器中看得到，只是不会运行而已：

```
//var key = Math.random() * 100000;
//processLogin(key);
```

你会发现代码编辑器就像一个便签簿，添加注释可以保留你之前编写代码的想法，并且不影响代码的最终使用。

单行注释

指定代码的注释有多种方法，其中一种是单行注释。在注释前面加上两条斜杠就可以添加注释了。这和我们之前看到的例子是一样的。

可以在单独一行写下注释：

```
// 返回两个参数中的最大值
function max(a, b) {
  if (a > b) {
    return a;
  } else {
    return b;
  }
}
```

也可以在代码的右侧写上注释：

```
var zorb = "Alien"; // 惹怒地球人
```

注释的位置由你决定，但是最好要在看起来合适的位置。

我们已经知道，注释并不会成为程序的一部分。只有你、我和杜普瑞能看到这部分文字。呃，如果你不知道杜普瑞是谁，说明我们之间代沟有点大，强烈建议读者补一补当时最棒的喜剧：《同居三人行》。

多行注释

单行注释有个问题，就是在每一行注释前面都要加上//。对于需要写一段很长的注释或者要对一大段代码进行注释的时候，这种方法比较累赘。

于是乎就有了另一种注释的方式。你可以用/*和*/来指定一段**多行注释**的头和尾。让我们看看下面的例子：

```
/*
var mouseX = 0;
var mouseY = 0;

canvas.addEventListener("mousemove", setMousePosition, false);

function setMousePosition(e) {
  mouseX = e.clientX;
  mouseY = e.clientY;
}
*/
```

像上面这个例子，用两道斜杠//只能对每一行的代码进行注释，如果直接用/*和*/就可以省很多时间，也不用那么折腾。

在大多数程序里，单行注释和多行注释会交替使用，这取决于你要怎么写注释。当然，这也要求我们要对这两种注释方式都很熟悉。

注释的最佳实践

我们已经知道注释是JavaScript代码里必不可少的一部分了。现在我们来讲一下如何使用注释才能让代码更加简单易懂：

1. 在编写代码的时候要时刻记得写注释。虽然写注释很无聊，但这是必不可少的一部分，因为注释能让你和其他看代码的人更容易明白这段代码写了什么，不必为此去一行一行地看代码。
2. 不要把注释拖到后面才写。根据上面一点，把注释拖到后面再写相当于拖延做家务。如果不及时写好注释，你可能把写注释的过程就跳过去了，这可不是个好习惯。

JSDOC 注释

在给别人编写代码的时候，你肯定想要用一种更简单的沟通方式和对方交流，而不是让对方去看源代码，那么这种更简单的方法就是JSDoc注释！使用JSDoc时，你需要稍微改变一下注释的书写方式：

```
/**
 * Shuffles the contents of your Array.
 *
 * @this {Array}
 * @return {Array} A new array with the contents fully shuffled.
 */
Array.prototype.shuffle = function() {
  var input = this;

  for (var i = input.length - 1; i >= 0; i--) {

    var randomIndex = Math.floor(Math.random() * (i + 1));
    var itemAtIndex = input[randomIndex];

    input[randomIndex] = input[i];
    input[i] = itemAtIndex;
  }
  return input;
}
```

给代码添加注释以后，你可以用JSDoc工具将所有注释的相关部分导出到一个可用于浏览的HTML页面中。这样一来你就节省了更多时间来写代码，你的客户也更容易理解代码的功能。

如果你想了解更多关于JSDoc方面的知识，你可以到uesJSDoc.org的首页文章**"从JSDoc3开始"**进行学习。

3. 用自然语言而不用程序语言。注释是JavaScript中为数不多的可以用自然语言的地方（英语也好汉语也好，你想用什么语言都可以），但是千万别用代码语言。注释尽量简洁易懂，一定要“说人话”。

4. 多用空格。当要给一大段代码做注释的时候，我们都希望注释能够简单易懂。给一大段内容做注释需要用到空格和回车键。我们看看下面这个例子：

```
function selectInitialState(state) {
  var selectContent = document.querySelector("#stateList");
  var stateIndex = null;

  /*
      对于返回的状态，我们想确保它能在UI中选择它。这意味着我们要遍历下
拉列表中的所有状态，直到找到匹配的状态为止。在找到这个匹配的状态之后，
我们会确保这个状态会被选择。
  */

  for (var i = 0; i < selectContent.length; i++) {

    var stateInSelect = selectContent.options[i].innerText;

    if (stateInSelect == state) {
      stateIndex = i;
    }
  }

  selectContent.selectedIndex = stateIndex;
}
```

注意，我们的注释要适当地与前后代码保持一定的空格。如果你的注释随意地放在难以识别的位置，会因此拖累阅读这段代码的人的阅读速度。

5. 不要对显而易见的事情进行注释。如果某一行代码本身就能自我解释，那就不要浪费时间来给它写注释，除非关于这段代码有些细小的地方需要特别留意，不然的话还是把写注释的时间投入到那些不容易看明白的代码上。

这些注意事项会帮助你更好地书写代码注释。如果你是在一个团队中参加一个大型的项目，我相信这样的团队中已经有一个如何书写注释的指南，那么你需要花些时间来理解并且遵循这些指南。这样对你和团队而言都是好事。

本章小结

写注释一直被认为是一种“必要的罪恶”。你是愿意花几分钟时间来写一些你明白的事情，还是把这部分时间用来实现另一些很酷的功能呢？如果让我来形容写注释这件事的话，我会说：这是一个长期投资。

注释的价值和效益并不能立即体现，只有其他人在看你的代码，以及在回顾代码但是忘记代码的内容的时候，注释的价值才会体现。不要为了短期的工作而浪费长期工作的时间，所以请务必在需要的时候及时地投入时间到注释上。

11

本章内容

- 了解什么是**对象**
- 学习关于 JavaScript 值的类型
- 发现披萨除了能吃，还能用来作为我们的教学案例……

披萨、值的类型、原始类型和对象

本章从一开始就要严肃起来了。在之前的几章，我们介绍了各种类型的值，包括字符串、数值、布尔值（即true和false）、函数，以及许多其他内置在JavaScript语言的东西。

我们先通过下面这段代码来复习一下以前的知识：

```
var someText = "hello, world!";
var count = 50;
var isActive = true;
```

和其他代码语言不一样，JavaScript在指定和使用这些内置的语句非常简单，甚至不需要提前计划用哪些语句。虽然如此，我们还是要了解在这些简单的使用背后隐藏的一些细节。了解这些细节非常重要，因为这不仅能帮助你更好地读懂代码，而且在代码出错的时候能够更快地找到问题所在。

现在你应该感觉到，“内置的东西”的说法似乎不能准确地形容这些JavaScript语言里不同的值，有一个更正式一点的名字叫做**“类型”**。在本章中，我们将大概地介绍一下什么是值的类型。

现在，我们就开始吧！

先从披萨说起

我没有跑题！因为作为吃货，我一直处在吃东西和思考吃什么东西的状态，所以我打算用披萨这种东西来解释神秘的JavaScript世界。

可能有人太久没吃披萨，而忘记它长什么样，下面是一张披萨的图：

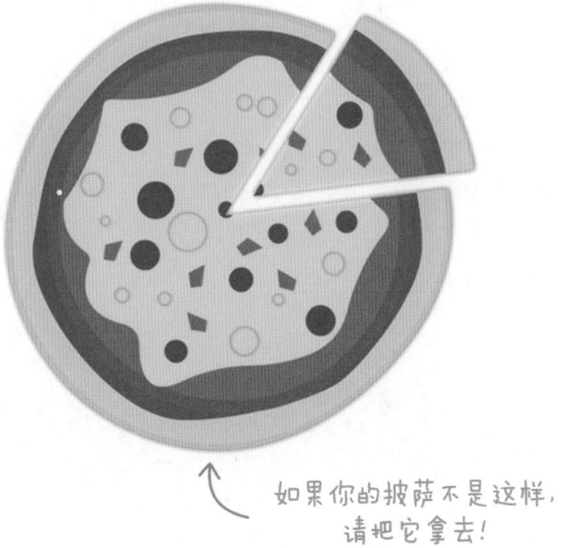

披萨不是用魔法变出来的，它是由各种食材烹饪而成的，有的食材简单，有的食材复杂，如图11.1所示。

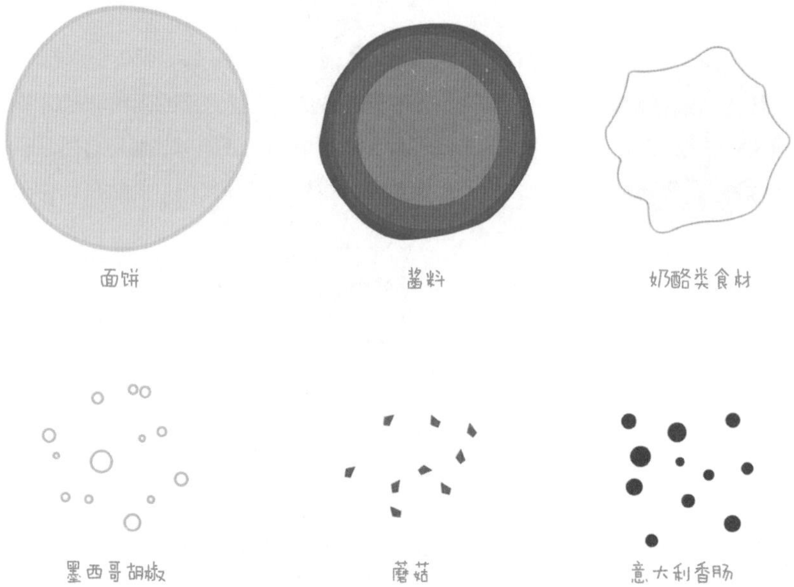

图 11.1

一份披萨是由多种食材做成的

简单的食材烹饪起来很容易，比如说蘑菇和墨西哥胡椒。一般来说，这些食材不能再被细分了。

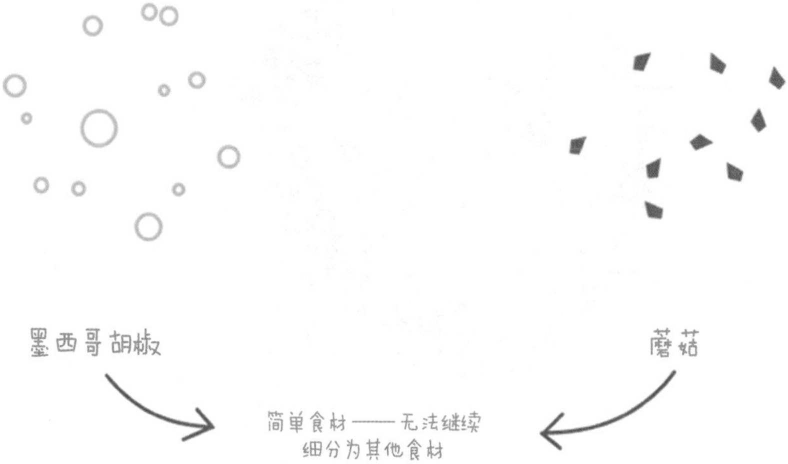

这些食材不必提前准备，因为这些不是由其他简单食材组成的。

像奶酪、各种酱、面包皮、意大利香肠等，属于复杂一些的食材，因为这些食材是由其他食材做成的：

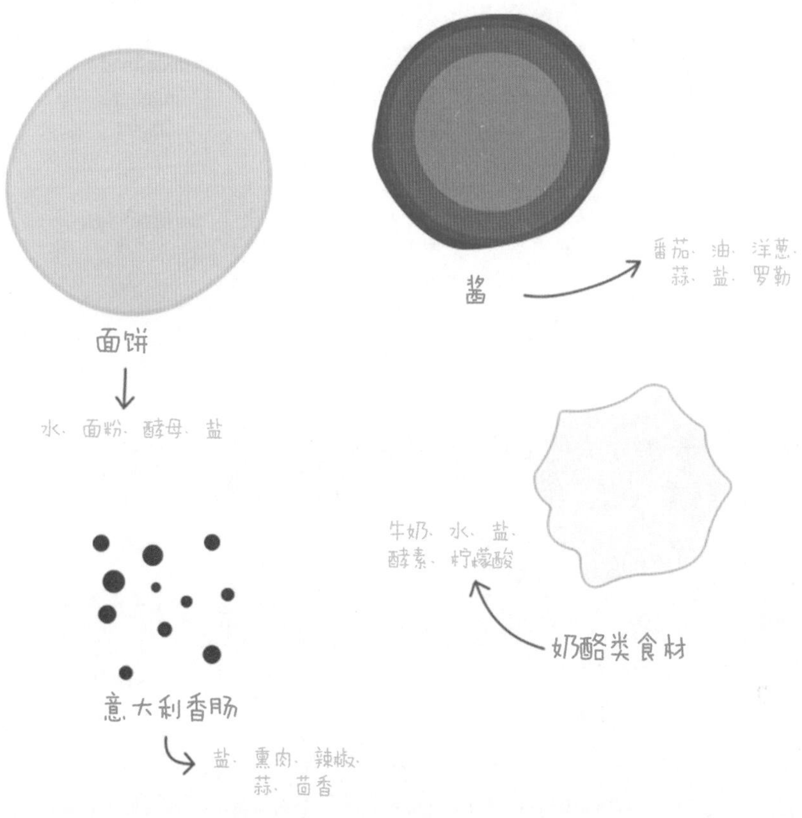

不幸的是，我们并没有现成的奶酪或者香肠。我们必须自己准备原材料来做出复杂的食材。值得一提的是，这些复杂食材不一定都是由简单食材构成，复杂食材本身也可以是复杂食材做成的。真是个复杂的世界啊！

从披萨到 JavaScript

虽然很难相信，但是我刚扯了那么多跟披萨有关的内容都是有目的的。刚才说的简单食材和复杂食材的道理完全可以用到JavaScript里，简单食材和复杂食材可以和JavaScript里的一些内容一一对应：

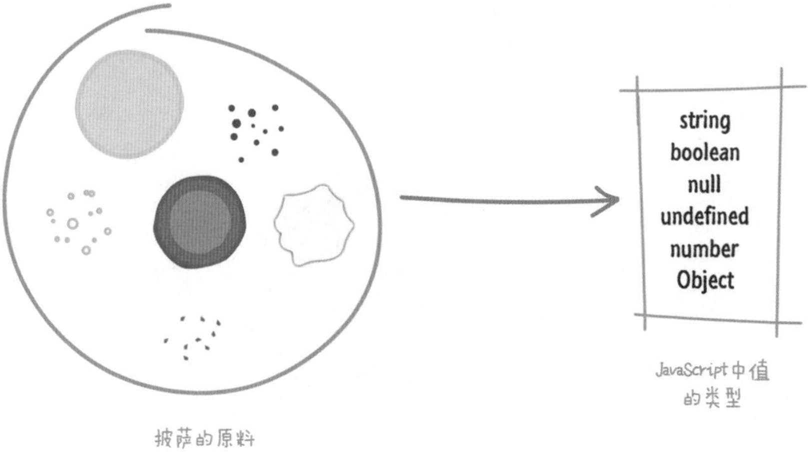

奶酪、香肠、蘑菇、培根在披萨中对应到JavaScript就是**字符串**、**数值**、**布尔值**、**Undefined**和**对象**。这里面一些值的类型你们已经很熟悉了，还有一些没有介绍，在下面的章节中都会一一讲到，表11.1就是这些值的功能。

表11.1 JavaScript值的类型

Type	What It Does
字符串	基本的文字的值
数值	和你想的一样，是数字的值
布尔值	用于判断true和false
Null	表示值不存在
Undefined	和null值类似，但这是在本来应该有值但实际上没有值的时候会返回Undefined。比如说声明了变量但不赋值的时候。
对象	作为其他类型的值（包括对象）的一个壳。

尽管每一种类型的值功能各异，但是它们之间有一个简单的分组。就像披萨的简单食材和复杂食材一样，值的类型也有简单和复杂之分，所谓的简单类型就是**原始类型**，复杂类型就是**对象类型**。

接下来的内容比较无聊，你记不记得住也无所谓，理解就好。所谓原始类型包括字符串、数字、布尔值、Null和Undefined，任何属于这一类的值都无法继续细分成其他类型，这些就是JavaScript世界的蘑菇和墨西哥辣椒。由其他类型组成的类型就叫对象，对象内包含其他的原始类型或者对象。对象类型可以是空的，但是我们最终会在里面填充内容。

如你所见，原始类型非常好理解，没有什么深刻的内容。而对象类型稍微有些神秘，所以我们在解释完所有原始类型的值的功能以后，再来讲解JavaScript中的对象是什么。

什么是对象

对象这个概念和现实生活的“对象”概念是一样的。你的电脑可以是对象，书架上的书可以是对象，一块土豆可以是对象，你的闹钟可以是对象，在淘宝上淘到的希洛 · 格林的亲笔签名也是对象，例子有很多很多，(怕你们觉得我烦 :P) 就不再列举了。

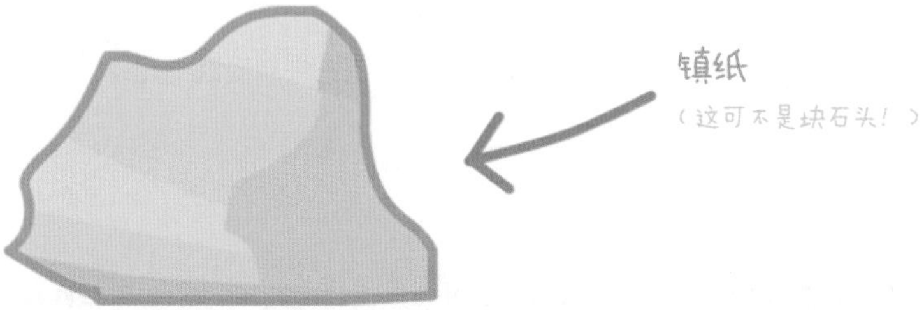

这样的“对象”只能作为摆放。但有的“对象”，像电视不仅可以用来摆放，还可以实现很多很多功能：

一台典型的电视机拥有输入、开关、换台、音量调整等一般电视都会有的功能。

要认识到的是，尽管不同对象之间，形状、大小和用途都不一样，但是在这些区别之外，对象的等级都是一样高的，它们都属于**抽象的存在**。运用对象的方法很简单，你不必去思考复杂的对象内包含了些什么——即便最简单的对象也是有一定复杂性的值，但你不需要思考这一点。

举例来说，你不需要知道你的电视是怎么运行的，不用管电线怎么连接，也不用知道用什么胶水把电视的框架固定起来。你只需要关心电视能不能听你话就可以了，你要换台的时候，它就能给你换台，你要调整音量，它就会给你调整音量，其他东西都不用考虑。

对象就相当于一个黑匣子。在JavaScript中，我们有预先定义的对象，也可以自行创建对象，只要对象能实现功能，我们不需要关心它们是如何实现这些神奇的功能的。我们在以后学到创建对象的时候可能会改变这种观念，但是现在先来享受这个简单快乐的世界吧。

内置对象

除了内置的原始类型以外，在JavaScript里同样也有内置的对象。这些对象可以帮助你实现跟踪功能，包括收集数据、日期、甚至文本和数字。表11.2展示了一些内置的对象以及它们的功能。

表11.2　一些内置的JavaScript对象

Type	What It Does
Array	列表，帮助存储、索引和操作一系列数据
Boolean	布尔值，作为原始布尔值的封装，返回的值依然是true和false
Date	日期，允许你更容易地表示和使用日期值
Function	函数，允许你重复调用一部分代码
Math	运算，这个像书呆子一样的对象可以帮助你更好地处理数字
Number	数值，作为原始数值类型的封装
RegExp	正则表达式，拥有多种文本匹配的功能
String	字符串，作为原始字符串类型的封装

使用内置对象的方法和使用原始类型值的方法不太一样。每一个对象的使用方法都比较奇怪。关于对象的功能暂时不进行介绍，接下来先用代码加注释的方法展示一些对象的使用：

```
// 列表
var names = ["Jerry", "Elaine", "George", "Kramer"];
var alsoNames = new Array("Dennis", "Frank", "Dee", "Mac");

// 圆周率
var roundNumber = Math.round("3.14");

// 今天的日期
var today = new Date();

// 布尔对象
var booleanObject = new Boolean(true);

// 无穷大
var unquantifiablyBigNumber = Infinity;

// 字符串对象
var hello = new String("Hello!");
```

你可能会疑惑以对象形式出现的字符串、布尔值和数值，从表面上看，原始类型和对象类型的字符串、布尔值和数值看起来很相似：

```
var movie = "Pulp Fiction";
var movieObj = new String("Pulp Fiction");

alert(movie);
alert(movieObj);
```

最后显示的内容也是一样的。在表面之下，其实movie和movieObj 是不一样的，前者是一个原始类型的字符串，后者是一个对象。这会导致一些有趣（有时甚至难以理解）的行为，我们会在后面接触到这些内置对象值的时候再进行讲解。

本章小结

你可能觉得这一章节就像一场电影一样，刚进行到有趣的情节就突然结束了。确实如此，本章主要是想告诉大家，原始值占据着我们所能编写的代码的绝大部分，而对象则是一个复杂的值的类型，它由其他原始类型和对象组成。我们会在后面继续深入学习的时候见到更多对象的例子。除此之外，我们还学习了一些常见的内置对象值并对它们有了一些基本的了解。

在下面的章节中，我们会更深入地学习这些不同类型的值，以及如何使用这些值的细微差别。把这一章当作是过山车开始突然下坠之前缓慢爬行的一段坡道吧。

本章内容

- 理解 JavaScript 是如何处理文本的
- 学会基本的字符串操作
- 了解字符串的不同属性

12

字符串

我先假定读者都是人类。作为一个人，我们经常会用到文字，无论是口头的还是书面使用的。因此我们会在编程中大量接触到文字，而在JavaScript中也经常用到文字。那些字母和长得奇奇怪怪的符号组成的文字，就是所谓的**字符串**。

事实上，这张图跟我要讲的内容一点关系都没有……

无论如何，JavaScript字符串也只是一系列字符。尽管听起来很无趣，但是访问和操作这些字符是必须掌握的技能，这也是本章节所要讲述的内容。

现在我们就开始吧！

基本操作

使用字符串的方法就是把字符放到你的代码里。使用字符串的时候要记得加上双引号或单引号，我们来看看下面的例子：

```
var text = "this is some text";
var moreText = 'I am in single quotes!';
```

```
alert("this is some more text");
```

除了直接列出字符串，有时候还需要把两个字符串连在一起，连接方法就是在两者之间加上一个“+”号：

```
var initial = "hello";
alert(initial + " world!");

alert("I can also " + "do this!");
```

在这些例子中，都能看到字符串。我为什么要说这种废话呢？因为这些可以直接看到的字符串值一般叫做“字符串常量”。当然取了这么一个名字并不改变它是一个叫做字符串的原始类型值（联想一下上一章讲过的披萨和食材……）。

如果你把text 和moreText 两个字符串可视化，大概就会像图12.1的样子。

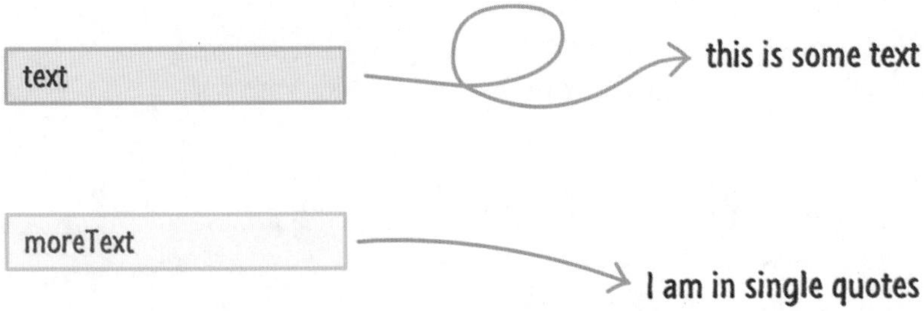

图 12.1

我们的代码用奇怪的线条和不同颜色的文本框进行可视化之后就是这样

我们只是把两个变量分别指向两块文本，并没有做其他事情。目前为止对于字符串的值的理解就是这么简单，但是当涉及到对象的时候，这种对应关系就复杂多了。在接下来的部分我们就能初见端倪。

无论如何，目前这些内容看来还……不太重要。最重要的就是时刻记得把字符串的内容用英文半角的双引号（"）或单引号（'）括起来，如果不这么做，就会导致代码出错，无法运行。

这就是字符串的基础知识，有趣的内容在于运用JavaScript提供的所有字符串处理功能。我们将会在接下来的内容中介绍如何使用这些功能。

字符串属性及功能

在操作字符串的时候，字符串对象包含许多属性，（一般情况下）可以让我们更轻松地处理文本。接下来，并不会介绍所有的属性，这样太无聊了，我们只挑最重要而且经常使用的几个进行讲解。

访问单个字符

尽管一个字符串看起来就是一个整体，但一个字符串总是由数个字符组合起来的。你可以用几种方法对每一个字符进行访问。最常见的办法就是用括号加数字的方式，在括号内输入一个数字，这个数字表示所要访问的字符位置。

```
var vowels = "aeiou";
alert(vowels[2]);
```

在这个例子中会看到字母i，因为i正好在索引位置的第2个。如果你不理解的话，请看一下图12.2所示的内容。

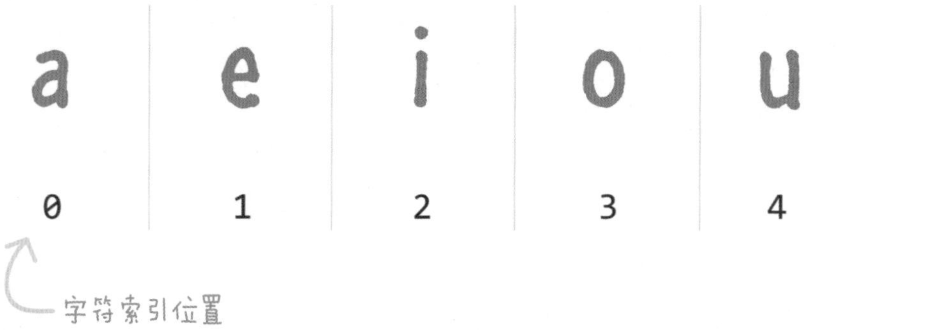

图 12.2

索引位置与字符串之间如何匹配

关于索引，你需要记住的是，在JavaScript中**索引**位置从0开始，所以i排在第2个，但实际上数起来它是第三个字符。如果你对其他编程语言比较熟悉，关于“从0开始”这一点你不会感到奇怪，当然Visual Basic语言除外。

如果我们要访问所有的字符，可以用循环语句来索引所有字符。我们从0开始循环，循环的终止由字符串的长度来决定。字符串的长度（也就是字符的数量）由length属性返回。

以下是之前所述方法的例子：

```
var vowels = "aeiou";

for (var i = 0; i < vowels.length; i++) {
     alert(vowels[i]);
}
```

当然我们不一定经常对字符串用循环语句，但是经常会用到length属性来求字符串的长度或字符数。

如果不想用括号加数字的方法，还可以用charAt方法，通过输入索引位置返回所要访问的字符：

```
var vowels = "aeiou";
alert(vowels.charAt(2));
```

最终结果是一样的。我基本上不会使用这种方法，除非你特别喜欢用像IE7那样的旧版浏览器。当然我相信你们是不会用的。

等一下，我有个问题……

如果你想问有没有字符串原始类型访问字符串对象属性的情况，这个问题我们将在下一章节再介绍。

连接字符串

要想将两个字符串连在一起，你可以使用+或+=运算符：

```
var stringA = "I am a simple string.";
var stringB = "I am a simple string, too!";

alert(stringA + " " + stringB);
```

请注意，在第三行，我们不仅把stringA和stringB连接起来，在两个字符串中间，还加了一个空格字符（" "）来保证两个字符串中间有一个空格。你也可以在两个字符串中间加上字符串原始类型或字符串对象，两个字符串依然可以连接起来。

比如说下面这个例子，这种写法是完全合法的：

```
var textA = "Please";
var textB = new String("stop!");
var combined = textA + " make it " + textB;

alert(combined);
```

除了用于混合以外，combined 变量的值是一个**字符串**原始类型的值。

连接字符串还可以用concat方法。你可以调用这个方法来指定后面接续的字符串原始类型或字符串对象，而且接续多少字符串都可以。

```
var foo = "I really";
var blah = "why anybody would";
var blarg = "do this";

var result = foo.concat(" don't know", " ", blah, " ", blarg);

alert(result);
```

大多数时候我们还是用+和+=运算符来连接字符串，这样比concat方法要快得多。既然结果是一样的，当然是哪个效率高用哪个啦！

从字符串中提取子字符串

有时候我们更需要提取字符串内的字符。我们会用到两个属性，一个是slice，另一个是substr。比如说下面这一个字符串：

```
var theBigString = "Pulp Fiction is an awesome movie!";
```

我们对这个字符串动一下刀。

slice 方法

你可以用slice方法来指定所要截取字符串的起止位置：

```
var theBigString = "Pulp Fiction is an awesome movie!";
alert(theBigString.slice(5, 12));
```

在上面这个例子中，我们指定了从索引位置5到12的字符。所以最后截取下来的就是单词**Fiction**，即返回的值是Fiction。

索引的起止位置不一定要输入正数，如果在终止位置输入的是负数，那么起始位置从字符串的第一个字符开始数，终止位置要从最后一个字符往前数：

```
var theBigString = "Pulp Fiction is an awesome movie!";
alert(theBigString.slice(0, -6));
```

如果起止位置都是负数，起止位置都从字符串的最后一个字符开始数：

```
var theBigString = "Pulp Fiction is an awesome movie!";
alert(theBigString.slice(-14, -7));
```

我们学习了slice方法的三种用法。一般都会用第一种方法，也就是起止位置都是正数。可能大部分人都会用这种方法。

substr 方法

另一个切分字符串的方法是substr。substr同样需要两个参数：

```
var newString = substr(start, length);
```

第一个参数是起始位置的数字，第二个参数是需要切分的子字符串的长度。我们来看一下例子：

```
var theBigString = "Pulp Fiction is an awesome movie!";

alert(theBigString.substr(0, 4)); // Pulp
```

我们从位置0开始，往后数4个字符，所以最后返回的值为Pulp。如果你想要返回的字符串是Fiction，代码可以这样写：

```
var theBigString = "Pulp Fiction is an awesome movie!";

alert(theBigString.substr(5, 7)); // Fiction
```

如果不指定长度，那么截取的子字符串就会从起始位置截到最后一个字符：

```
var theBigString = "Pulp Fiction is an awesome movie!";

alert(theBigString.substr(5)); // Fiction is an awesome movie!
```

使用substr输入值的方法还有很多种，但是上面介绍的是最常见的。

用 split 分隔字符串

能连起来的东西，一定可以被分开。我估计应该有个名人说过这句话。我们可以用split方法把一个字符串分隔成两部分。通过调用这个方法，最终会返回由分隔开的数个子字符串组成的列表。子字符串之间通常会有字符或者正则表达式，这些字符和正则表达式本身也是用于决定如何分隔字符串的。

我们来看一下例子，帮助我们更好地理解：

```
var inspirationalQuote = "That which you can concatenate, you
can
  also split apart.";

var splitWords = inspirationalQuote.split(" ");
alert(splitWords.length); // 10
```

在这个例子中，我们用空格字符来分隔inspirationalQuote的文字。每当遇到一个空格，空格前面的字符就会被移除，并且成为返回列表的一个元素。

下面是另一个例子：

```
var days = "Monday,Tuesday,Wednesday,Thursday,Friday,
  Saturday,Sunday";

var splitWords = days.split(",");
alert(splitWords[6]); // Sunday
```

变量days储存的值是一周七天的英文单词，每个词中间分别有一个逗号。如果想把每一天都隔开，我们可以用split方法，把分割字符输入为逗号，最终返回的结果也是一个列表，列表内的七个元素分别是原来字符串里被逗号隔开的一周七天的英文单词。

你会发现经常会使用到split来分隔一系列字符串，这些字符串有时会像一个句子一样简单，有时会像服务器返回的数据一样复杂。

在字符串里搜索字符

如果你想在一个字符串里搜索某一个字符或某些字符，可以用indexOf或lastIndexOf。首先看如何使用indexOf。

indexOf的工作原理是把所要搜寻的字符作为一个参数。如果你所要找的字符被找到了，indexOf会返回它第一次找到这个字符所在的索引位置。如果这个字符找不到，indexOf将会返回-1。我们来看下面这个例子：

```
var question = "I wonder what the pigs did to make these birds
so
  angry?";

alert(question.indexOf("pigs")); // 18
```

想看一下单词“pigs”是否存在于字符串中。由于要找的字符是肯定存在的，所以indexOf会告诉我这个单词第一次出现的位置是在第18个索引位置。如果我想找一个字符串中不存在的字符，比如要找字母z，结果就会返回一个-1：

```
var question = "I wonder what the pigs did to make these birds
so
  angry?";

alert(question.indexOf("z")); // -1
```

lastIndexOf方法和indexOf非常相似。顾名思义，lastIndexOf返回的是所要找的字符最后出现的位置：

```
var question = "How much wood could a woodchuck chuck if a
  woodchuck could chuck wood?";

alert(question.lastIndexOf("wood")); // 65
```

使用indexOf和lastIndexOf时还可以再指定一个参数。除了指定所要找的字符，我们还可以指定从哪个地方开始搜索：

```
var question = "How much wood could a woodchuck chuck if a
  woodchuck could chuck wood?";

alert(question.indexOf("wood", 30)); // 43
```

最后要提的一点是，你可以匹配任何出现在字符串里的字符。indexOf和lastIndexOf等函数并不能区分你所要找的是一句话还是一个字符集合的子字符串，在使用这些方法的时候要考虑到这一点。

在本章结束以前，我们还要学习match方法。这个方法以正则表达式为参数，我们可以在match方法上拥有更多的掌控权：

```
var phrase = "There are 3 little pigs.";
var regexp = /[0-9]/;

var numbers = phrase.match(regexp);

alert(numbers[0]); // 3
```

最终返回的值也是一个由匹配的子字符串组成的列表，所以我们可以通过对列表熟练地操作来轻松地获取搜索到的字符串。至于如何使用正则表达式，我们会在后面的章节里介绍。

对字符串进行大小写更改

本章最后的内容比较简单，不需要任何复杂的操作。要改变字符串的大小写，我们可以适当地调用toUpperCase 和toLowerCase 方法。我们来看下面的列表：

```
var phrase = "My name is Bond. James Bond.";

alert(phrase.toUpperCase()); // MY NAME IS BOND. JAMES BOND.
alert(phrase.toLowerCase()); // my name is bond. james bond.
```

看，就这么简单！

本章小结

字符串是JavaScript提供的几种基本数据类型之一，而在本章节中我们大概地了解了一些字符串的操作方法。前面留了一个问题还没有回答：有没有字符串原始类型和字符串对象都能使用的属性？这个问题我们在下一章再介绍。

13

本章内容

- 更深入地了解原始类型和对象的工作原理
- 理解为什么原始类型可以执行和对象类型一样的操作
- 最终明白为什么 JavaScript 会如此流行

当原始类型执行对象类型的操作

在前面**第12章　字符串**和**第11章　披萨、值的类型、原始类型和对象**中，我们都多多少少提到关于原始类型和对象类型的区别，这些内容似乎给你们带来了一些疑惑。我强调过很多次，原始类型非常简单，不像对象类型那样可以用属性来对它的值进行有趣的（或无聊的）操作。然而，就我们之前所看到的对字符串的操作，似乎这个原始类型有着神秘的黑暗面：

```
var greeting = "Hi, everybody!!!";
var shout = greeting.toUpperCase(); // where did toUpper-
Case come from?
```

在上面一小段代码中，我们看到储存着一个字符串原始类型的变量greeting竟然使用了toUpperCase方法。这和之前说的不一样呀！这个方法是怎么来的呢？本章的内容就是来回答这个问题的。

问题并不是出在字符串上

我们很容易把字符串的原始类型和对象类型混淆的问题归到字符串上，事实上，许多内置的原始类型都会有这样的问题。表13.1展示的是内置的对象类型，这些类型的值都有其对应的原始类型。

表13.1　也作为原语存在的对象类型

类型	功能
Array	列表，帮助存储、索引和操作一系列数据
Boolean	布尔值，作为原始布尔值的封装，返回的值依然是true和false
Date	日期，允许更容易地表示和使用日期值
Function	函数，允许重复调用一部分代码
Math	运算，这个像书呆子一样的对象可以帮助我们更好地处理数字
Number	数值，作为原始数值类型的封装
RegExp	正则表达式，拥有多种文本匹配的功能
String	字符串，作为原始字符串类型的封装

无论在什么时候，只要你对布尔值、数值或字符串进行操作，都可以访问属性，就像对象类型一样。在下面的内容中我们将会了解到这到底是为什么。

我们还是用字符串来展开讲解

一般而言，字符串的内容都是文字：

```
var primitiveText = "Homer Simpson";
```

正如表13.1所示，字符串可以被作为一个对象来操作。一般有多种方法来创建一个新对象，而创建内置的对象类型，比如说字符串，最常见的方法是使用关键词String:

```
var name = new String("Homer Simpson");
```

这行代码中的String并不是一个普通的英文单词，它表示的是一个构造函数，而构造函数适用于创建对象值。既然我们有多种创建对象的方法，自然也就有多种创建字符串对象的方法。在我看来，知道一种你不会使用的方法就足够了。

原始类型和对象类型在形式上差别，就在于是否有属性和方法这些额外的“包袱”。我们再把那个看起来很纯的可视化图片拿出来，看一下原始类型的字符串变量primitiveText和它的“包袱”之间的对应关系。

图 13.1

原始类型变量 primitiveText

嗯，“包袱”不是很多。那么接下来不要被下面这一张图吓到了，如果我们把字符串对象变量name可视化以后，就会看到图13.2所示的样子。

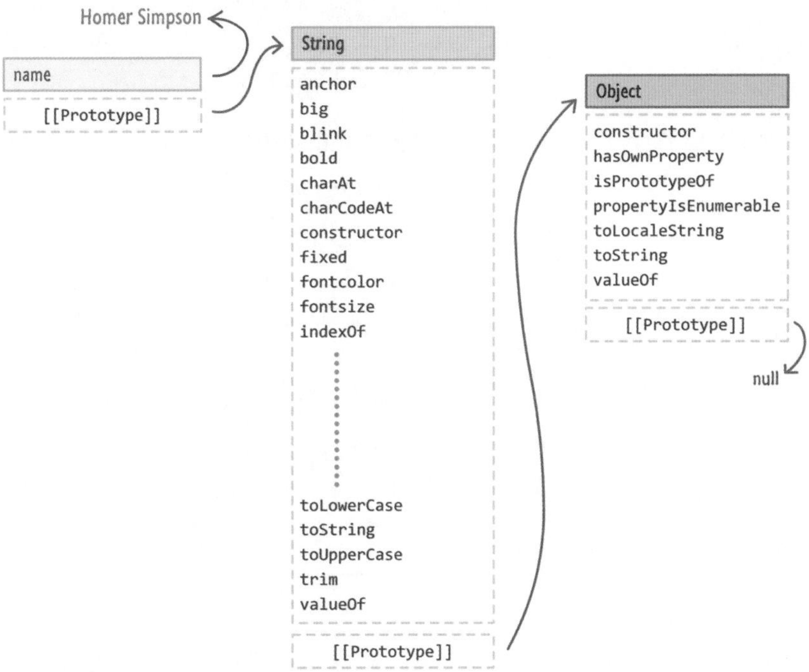

图 13.2

这个图就复杂多了

变量name包含有一个指针，指向文本Homer Simpson。同时该变量对象还包含各种属性和方法，例如indexOf和toUpperCase等。在**第16章 更深入地学习对象**中，会看到一个更加宏大的图，所以我们暂时不用担心看不懂这个图，只要知道对象比原始值包含更多的功能即可。

这点非常重要，因为……

回到之前的疑惑点，字符串本来是原始类型，一个原始类型值怎么能够访问属性呢？答案就在于JavaScript的怪异，我们先看看下面这个字符串：

```
var game = "Dragon Age: Origins";
```

变量game明显是一个字符串原始类型，这个变量被指定了一个文本作为值。如果我想得到这个字符串的长度，就会这样写代码：

```
var game = "Dragon Age: Origins";
alert(game.length);
```

作为赋值给game.length的一部分，JavaScript会把这个字符串原始类型转变为对象类型。在这一瞬间，处于底端的原始类型就变成了一个美妙的对象值，并且可以访问这个字符串的长度。不过要记住，这个变量只是暂时地变为对象类型，在达到目的，即获得字符串长度的值以后，这个字符串又会变回原始类型。

这种转变只存在于原始类型，如果一开始就明确定义的是字符串对象，那么这个值永远都属于对象，而不会变成原始类型。我们看下面这个例子：

```
var gameObject = new String("Dragon Age:Origins");
```

在这个例子中，变量gameObject一开始就明确地定义为一个字符串对象。这个变量会一直作为对象存在，除非你对字符串进行更改，或者把变量对应到别的值上。原始值暂时地变为对象类型，最后再变回原始值，这是原始类型独有的特点，而对象类型无法实现这一点。

你可以通过验证数据类型来验证上面的内容，验证方法是使用关键词typeof，以下就是验证数据类型的代码：

```
var game = "Dragon Age: Origins";
alert("Length is: " + game.length);
```

```
var gameObject = new String("Dragon Age:Origins");

alert(typeof game); // string
alert(typeof game.length); // number
alert(typeof gameObject); // Object
```

现在，你不高兴已经学会了这一切吗？

本章小结

希望这一章节的解释能够让你明白，为什么原始类型可以执行只有对象类型才有的操作。不过这样一来，你可能又有一个新的问题，为什么要把编程语言设计得那么奇怪，既然原始类型在需要的时候能自动变为对象类型，那么一开始就只需要对象类型不就好了吗？这个问题的答案和内存的占用有关。

我们在上面已经提到，对象类型比起原始类型，多了很多额外的“包袱”，一个对象值需要指向多个属性，这些指针都会占用内存资源。所以我们就采取了一个妥协的办法，在声明和使用可见的值，如数值、字符串和布尔值，这些值会作为原始类型存在，只有在需要的时候才会转变为它们对应的对象类型。为了保证你的程序一直处在低内存占用的状态，变化为对象类型的原始值在实现目的后又会迅速地变回原始类型，这种机制又叫**“垃圾回收”**机制。

本章内容

- 用列表来处理数据
- 学会使用不同的列表属性处理常见的问题

14

列表

假设我们要拿一张纸记一些东西，这张纸的内容姑且就叫“杂货”。那么现在我们在纸上从0开始，每写一项内容前面都标一个数字，就像图14.1那样。

图 14.1

一张杂货清单

列好一张这样的清单以后，你就得到了一个现实生活中的**列表**了。这个清单里缩写的是需要购买的内容，就是这个**列表的值**（或者叫**列表元素**）。

通过本章的学习，你将会看到我平时喜欢买的日常用品，同时间接地学会JavaScript里非常常见的内置类型——列表。

那我们就开始吧!

创建列表

现在比较流行的创建列表的方法，是在列表名称后面加上一对闭合的方括号。下面的例子展示了如何建一个名为groceries的空列表：

```
var groceries = [];
```

列表的变量名称在等号左边，等号的右边是一对闭合的**方括号**，目前这个变量并没有赋值。这种用方括号建立列表的方式叫做**列表的字面声明**。

不过，一般情况下我们会在最开始创建列表的时候就带有列表元素。要创建一个非空的列表，只需要把列表元素写在方括号中，并且每个元素之间由英文逗号隔开：

```
var groceries = ["Milk", "Eggs", "Frosted Flakes", "Salami",
  "Juice"];
```

注意，现在groceries列表中包含了Milk（牛奶）、Eggs（鸡蛋）、Frosted Flakes（麦片）、Salami（意大利香肠）和Juice（果汁）。再次重申一遍逗号的重要性，如果没有逗号，列表中只会有一个超长的元素。学会了如何声明列表以后，我们来看一下如何用列表进行储存和处理数据。

访问列表的元素

列表有一个优点，就是我们不仅可以轻易地访问列表本身，还可以轻易地访问列表内的元素。访问列表的元素其实就像高亮出你的杂货清单一样：

图 14.2

“鸡蛋”被高亮了，看来这件东西很重要

首先我们需要学会的是访问单个元素的编程方法。

在一个列表里，每一个元素都有一个对应的数字（也就是**索引值**），数字从零开始，和之前的字符串类似。在上面的例子中，Milk的索引值为0，Eggs的索引值为1，Frosted Flakes索引值为2，以此类推。

以下是groceries列表的声明代码：

```
var groceries = ["Milk", "Eggs", "Frosted Flakes", "Salami",
  "Juice"];
```

如果想要访问列表中的某一元素，只需要指定这个元素的索引值即可：

```
groceries[1];
```

指定的索引值需要写在方括号内。在这个例子中要访问的是Eggs，因为它的索引值是1。如果指定的索引值是2，那么返回的值就是Frosted Flakes，以此类推，直到没有与索引值数字相匹配的元素。

索引值的范围在0到列表长度-1之间，因为索引值是从0开始算的。如果你的列表只有5个元素，但是想要访问grocery[5]或者grocery[6]，最后返回的值都会是undefined。

再进一步来看，在现实情况下，我们会需要用程序来遍历列表里的所有元素，而不是单独访问某一个元素。根据索引值的范围，我们可以用for循环来实现这一需要：

```
for (var i = 0; i < groceries.length; i++) {
    var item = groceries[i];
}
```

注意，循环的范围是从0开始到列表长度-1（列表长度直接由属性length获得），因为列表的索引值的范围是从0到列表长度-1。没错，length属性返回的值正是列表中项目的数量（更准确地讲，返回的是索引值的数量而不是列表元素的数量，这两者有时候并不等同，这种例外的情况将会在后面再讲解）。

在原有列表中添加元素

我们很少会保持已声明的变量原封不动，总会想要在里面添加元素。要在列表中添加元素，会用到push方法：

```
groceries.push("Cookies");
```

我们直接在列表后面调用push方法，并在后面的括号中写上需要添加的数据。通过push添加的元素会放在列表的最后一位。

举个例子，在运行了上面的代码之后，我们会看到Cookies被添加到groceries列表的最后位置，如图14.3所示。

图 14.3

新添加的元素被放在了最后面

如果想要把数据添加到列表的最前面，会用到unshift方法：

```
groceries.unshift("Bananas");
```

运行上面代码之后，这个元素被添加到列表的第一位，后面所有元素的索引值都要增加1，如图14.4所示。

这种变化的原因是，索引值的第一位永远都是0，这意味着原来的所有元素都要下移一位，腾出位置容纳新的元素。

无论是push 还是unshift ，在添加了元素之后，都会返回添加元素后列表的长度：

```
alert(groceries.push("Cookies")); // returns 6
```

我不确定这个知识点有没有用，但是记住就对了，以备不时之需。

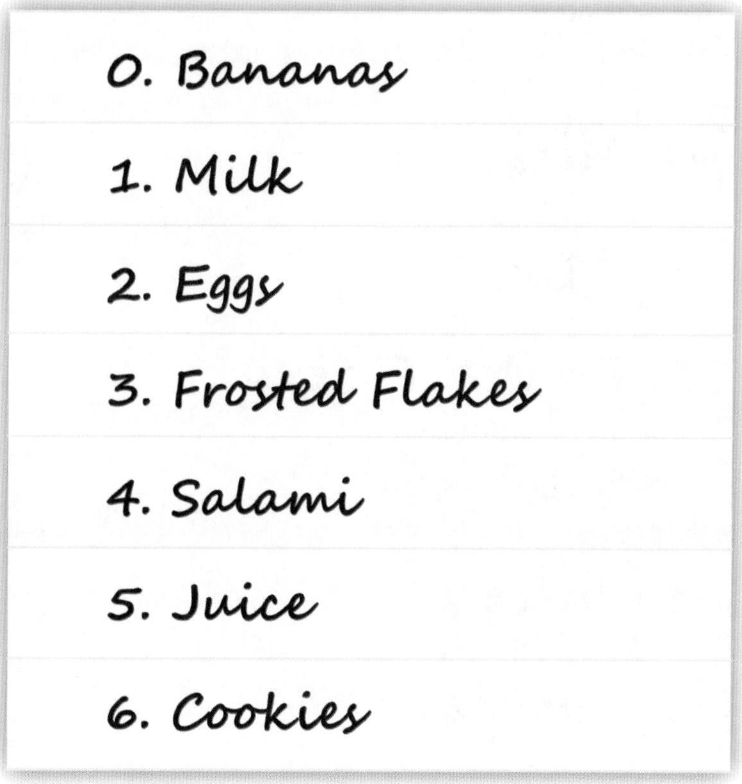

图 14.4

这一次，新加的元素被放在了最前面

在列表中移除元素

要移除列表中的元素，我们会用到pop或shift方法。pop方法可以移除列表的最后一个数据并返回这个数据：

```
var lastItem = groceries.pop();
```

而shift方法则是在另一端执行同样的工作。而shift方法移除了元素后并不会返回被移除的元素，而是会返回列表的第1个元素：

```
var firstItem = groceries.shift();
```

当列表的第1个元素被移除后，剩余的所有元素索引值都将-1，把移除后的空缺补上：

注意，之前说过用unshift或push方法添加元素后，返回的值会是新的列表长度，但是这种情况在pop和shift方法上并不会出现。当你用shift和pop方法移除元素后，返回的值是被移除的元素本身。

移除元素的内容基本上讲得差不多。最后还有一个slice方法需要介绍：

```
var newArray = groceries.slice(1, 4);
```

用slice方法可以复制列表中的某些元素，并形成一个新的列表，列表中的值为之前复制的那些元素。在这行代码中，我们复制了groceries列表的第2个到第5个元素，生成新列表的名称为newArray。Silce并不会对原列表进行任何修改，只是复制了部分元素而已。

在列表中搜索元素

要在列表中寻找某个元素，你会用到两个内置方法indexOf及lastIndexOf。通过这两个方法，可以扫描整个列表，并返回所要搜索元素所在的索引位置。

indexOf方法返回的索引值是该元素第一次出现的索引值：

```
var groceries = ["milk", "eggs", "frosted flakes", "salami",
  "juice"];
var resultIndex = groceries.indexOf("eggs", 0);

alert(resultIndex); // 1
```

注意，在变量resultIndex中储存了对groceries列表indexOf的调用结果。在使用indexOf时，输入了需要搜索的元素和搜索的起始位置：

```
groceries.indexOf("eggs", 0);
```

indexOf最终返回的值会是1。

lastIndexOf方法与indexOf方法的用法类似，但是在搜索到元素后返回的值不一样。indexOf返回的是元素第一次出现的索引值，lastIndexOf返回的是这个元素最后一次出现的索引值。

合并列表

最后一个内容是关于如何将两个列表合成为一个列表。假如说我们有两个列表，分别叫做good 和bad：

```
var good = ["Mario", "Luigi", "Kirby", "Yoshi"];
var bad = ["Bowser", "Koopa Troopa", "Goomba"];
```

为了将两个列表合成一个列表，我们需要使用concat方法，在该方法右侧的括号内输入被合并的列表名称作为参数。最后得到的值是一个全新的列表，列表的元素包含了列表good和bad中的元素：

```
var goodAndBad = good.concat(bad);
alert(goodAndBad);
```

在这个例子中，使用concat方法返回了一个新的列表，所以变量goodAndBad最后变成一个由两个列表串联起来的新列表。这个新列表的元素排列顺序是good列表的元素在前，bad列表的元素在后：

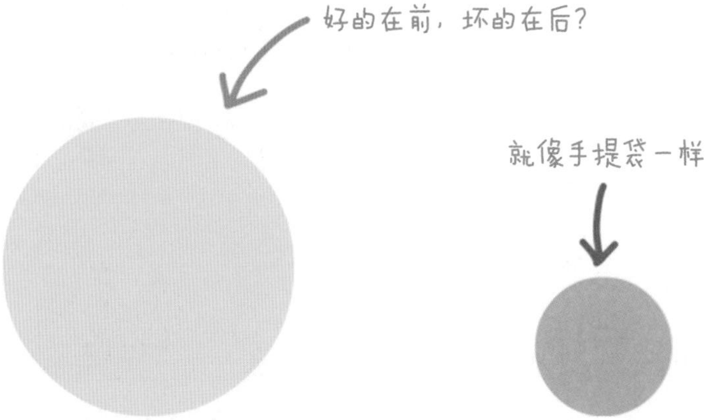

本章小结

以上基本就是关于列表的所有知识了，或者起码说是关于列表最常用的知识，起码你已经学会如何创建一个杂货清单了！

15

本章内容

- 理解 JavaScript 中的数值
- 学习使用各种常见的数值
- 学习 Math 对象以及其他数学运算

数值

在JavaScript里，如果不是在处理字符串时，那么大部分时间是在处理数值。如果不是在直接处理数值，就是在间接地遇到各种数字，比如最基本的数数、处理列表等。

本章节将会介绍在JavaScript中如何使用数值的操作来完成大多数常见的任务。在这过程中，除了一些基础内容，我们还会探索一些有趣的内容，这些内容在处理数值任务时会非常有用。

让我们开始吧！

使用数值

要使用数值，我们需要……嗯，用就完事儿了。以下是一个简单的例子，声明了一个变量stooges 并赋值为3：

```
var stooges = 3;
```

就这么简单，不需要绕弯子。即便你想使用更复杂的数值，使用方法也没什么不一样：

```
var pi = 3.14159;
var color = 0xFF;
var massOfEarth = 5.9742e+24;
```

在上面的例子中，我们使用了十进制数、十六进制数以及值非常大的指数。无论是什么类型的数字，最终浏览器都能够执行。而且浏览器不仅仅能够执行正数，还能够执行负数。使用负数的数值只需要在原来的数值前面添一个减号（-）即可：

```
var temperature = -42;
```

在这一部分我们展示的是实际使用数字的内容。下面几个小节里，我们会更加深入地学习数值，并学会用数值来实现一些有趣的事情。

小知识：JAVASCRIPT 中的数值

可能你会疑惑为什么数字的处理这么简单，这是因为JavaScript的数值类型并不多。我们不需要像别的编程语言那样，需要声明变量为整型、倍数、字节或浮点等。

在JavaScript中，所有的数值都会自动转化为64位浮点数。

运算符

讲到数值就一定要提到运算符，这些代码中的数学运算符可以实现一些我们小学就学过的数学运算。

在这一小节我们来看一下常见的运算符。

做简单的运算

在JavaScript，你可以通过使用“+”、“−”、“*”、“/”以及“%”等符号来创建简单的数学表达式，分别进行加、减、乘、除和求余数（即取模数）运算。如果你会使用计算器，那么你就知道怎么用JavaScript进行简单的数学运算。

下面是这些运算符的使用举例：

```
var total = 4 + 26;
var average = total / 2;
var doublePi = 2 * 3.14159;
var removeItem = 50-25;
var remainder = total % 7;
var more = (1 + average * 10) / 5;
```

最后一行中，用小括号确保了这部分内容作为整体运算，并且运算顺序先于除法运算。同样，这也是计算器的机制。

JavaScript的表达式计算遵循着以下的顺序：

1. 小括号
2. 指数
3. 乘法
4. 除法
5. 加法
6. 减法

相信在中小学的时候我们的老师都讲了各种记忆运算顺序的方法，这对我们来说没什么困难的。

递增和递减

对一个变量进行递增或递减是对数值处理的一种常见的方法，以下是让变量i递增1的例子：

```
var i = 4;
i = i + 1;
```

递增或递减的数字不一定是1，你可以指定任意的数字：

```
var i = 100;
i = i - 2;
```

当然不一定只有加法或减法，你还可以进行其他运算：

```
var i = 40;
i = i / 2;
```

从上面这些例子我们应该总结出一个模式，即无论运算符是什么，变量i都在逐渐递增或递减。由于我们经常会用到这样一个模式，于是就有了一些简化这个模式的运算符，如表15.1所示。

表15.1　运算符

表达式	功能
i++	i递增1 (i = i + 1)
i--	i递减1 (i = i − 1)
i += n	i递增n (i = i + n)
i -= n	i递减n (i = i − n)
i *= n	i累乘 n (i = i * n)
i /= n	i累除以n (i = i / n)
i %= n	求i除以n的余数 (i = i % n)

把这些运算符替换到上面的三个例子，代码就会变成下面这样：

```
i++;
i -= 2;
i /= 2;
```

结束以前要特别说一下，--和++只能让一个值递增或递减1。无论++和--出现在变量前面还是后面，都表示递增。

我们看看下面这个例子：

```
var i = 4;
var j = i++;
```

执行了这两行代码之后，i的值变为5，这和我们的猜想是一样的。而j的值为4。注意看这个例子，运算符是在变量后面的。

如果我们把运算符放在变量前面，最终结果会有点不一样：

```
var i = 4;
var j = ++i;
```

i的值依然是5，不一样的是j的值变为5。

两段代码不同的地方在于运算符的位置，运算符在前和运算符在后分别决定了**把已经递增了的变量i赋值给j还是把递增之前的i赋值给j**。学会了这一点是不是很有成就感呢?

特殊值——无穷大和 NaN

最后看一下我们会遇到的两个特殊的、不算数值的值，它们分别是无穷大和NaN。

无穷大

你可以用Infinity 和-Infinity 值来表示正无穷大和负无穷大：

```
var reallyBigNumber = Infinity;
var reallySmallNumber = -Infinity;
```

使用到无穷大的机会特别少，而且一般只有在特别的情况下会看到Infinity，比如说用某个数除以0的时候。

NaN

关键词 NaN 表示Not a Number，即不是一个数字。一般在无效的运算后会返回这个值。比如说下面这则运算，对一个负数进行开平方：

```
var oops = Math.sqrt(-1);
```

还有一种情况是用将数字和字符串混在一起使用，在一般情况下返回的值都会是NaN。之前介绍过的parseInt函数，如果要解析的字符串非法，最终也会返回NaN。

Math 对象

数值会出现在各种数学表达式中，这些表达式不限于加减乘除运算。如果你还记得以前学过的数学知识，这部分内容就简单多了。为了更好地进行复杂的数字运算，JavaScript里内置了Math对象。这个对象里提供了多种函数和常数。我们来简单地看一下这个对象里的函数和常数都有哪些作用。

下面的内容很枯燥

Math对象的内容非常无聊，除非你确实非常想学这些知识，否则我建议你快速略过下面的部分，等你需要用到的时候再往前翻。Math对象自己不会跑（因为无聊到没朋友），它随时等着你翻回来查看。

常数

为了避免需要对π、欧拉常数、LN10等常见的常数进行定义，Math对象提供了大量常见的常量：

常数	意义
Math.E	欧拉常数（自然常数）
Math.LN2	2的自然对数
Math.LN10	10的自然对数
Math.LOG2E	以2为底的e的对数
Math.LOG10E	以10为底的e的对数
Math.PI	3.14159（圆周率我就记得这几位，我懒得继续写下去了……）
Math.SQRT1_2	1/2的平方根
Math.SQRT2	2的平方根

以上所有的常数中，最常见的是Math.PI：

我只是想找个借口
展示这张图

在许多情况下都需要用到π，无论是要画一个圆，还是要用到三角函数。其实除了Math.PI，我也想不起来这些常数里还用过的哪个了。以下是根据半径计算圆的周长的一个函数：

```
function getCircumference(radius) {
    return 2 * Math.PI * radius;
}

alert(getCircumference(2));
```

使用这些常数的方法和使用已声明变量的方法是一样的。

取整数

有时候你的数字会精确得令人发指:

```
var position = getPositionFromCursor(); //159.3634493939
```

为了能够对这些数字进行取整，我们可以使用Math.round()、Math.ceil()以及Math.floor() 这三个函数:

函数	功能
Math.round()	四舍五入到整数
Math.ceil()	取不大于参数的最大整数
Math.floor()	取不小于参数的最小整数

我们通过例子来理解这三个函数:

```
Math.floor(.5); // 0
Math.ceil(.5); // 1
Math.round(.5); // 1

Math.floor(3.14); // 3
Math.round(3.14); // 3
Math.ceil(3.14); // 4

Math.floor(5.9); // 5
Math.round(5.9); // 6
Math.ceil(5.9); // 6
```

三角函数

三角函数是我最喜欢的函数，Math对象可以让你轻松地访问各种三角函数。

函数	功能
Math.cos()	取给定参数的余弦值
Math.sin()	取给定参数的正弦值
Math.tan()	取给定参数的正切值
Math.acos()	取给定参数的反余弦值

Math.asin()	取给定参数的反正弦值
Math.atan()	取给定参数的反正切值

使用方法就是在括号内输入参数：

```
Math.cos(0); // 1
Math.sin(0); // 0
Math.tan(Math.PI / 4); // 0.9999999999999999
Math.cos(Math.PI); // -1
Math.cos(4 * Math.PI); // 1
```

三角函数的参数默认为弧度制，如果你的值是角度数，请在使用之前将角度转化为弧度数。

幂运算和平方根

Math对象定义的函数还有Math. pow()、Math.exp()和Math.sqrt()：

函数	功能
Math.pow()	某个数字的几次幂运算
Math.exp()	e（自然常数）的指定数字次方
Math.sqrt()	返回给定参数的平方根

我们看看下面这些例子：

```
Math.pow(2, 4) //equivalent of 2^4 (or 2 * 2 * 2 * 2)
Math.exp(3) //equivalent of Math.E^3
Math.sqrt(16) //4
```

注意，Math.pow()需要有两个参数，这可能是我们看到的第一个需要两个参数的内置函数。这个小细节让人多少有点兴奋。

获取绝对值

如果需要获取某个数的绝对值，可以使用Math.abs() 函数：

```
Math.abs(37) //37
Math.abs(-6) //6
```

在学校学过这个内容的人都知道这个函数的机制，如果你输入0或整数，返回的是它本身；如果输入的是负数，就会返回它的相反数。

随机数

如果要生成一个大于0小于1的随机数，你可以使用Math.random()函数。这个函数不需要带有参数，但是这个函数本身可以作为一个数学表达式的一部分：

```
var randomNumber = Math.random() * 100;
```

本章小结

关于JavaScript的数值和Math对象的介绍就到这里。如你所见，没有比JavaScript更简单的语言了，它提供的数值处理方法都是最简洁的。本章介绍的只是冰山一角，在需要的时候可以随时翻回来查阅。

16

本章内容

- 更深入地理解对象的工作机制
- 学会创建自定义对象
- 解密原型属性
- 使用继承

更深入地学习对象

在**第11章　披萨、值的类型、原始类型和对象**里从总览性的角度介绍了什么是对象类型，以及如何去思考对象。这些内容对于覆盖一些基础知识和了解一些内置的对象类型是足够的。而通过本章内容的学习，我们会发现前面所学的简直就是冰山一角。

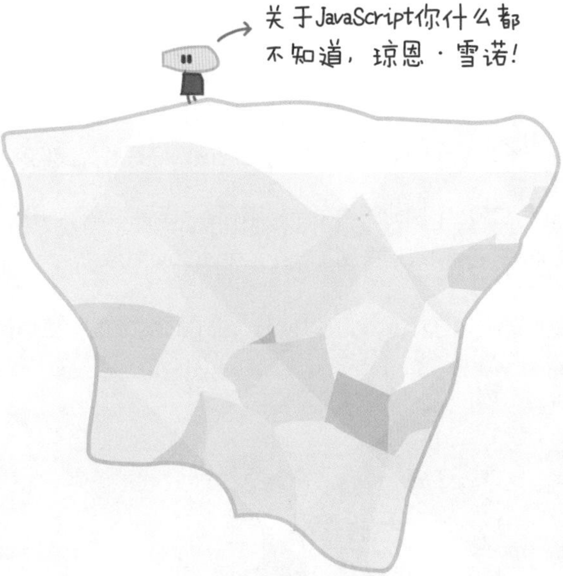

在这一章节中，我们将从更细节的角度回顾对象的知识，并且接触一些进阶的知识，例如使用Object对象，创建自定义对象、继承、原型、关键词this等。如果现在你对这些名词没什么概念，希望在学完这一章节以后就会明白这些概念的意义。

那么我们开始吧！

认识 Object 对象

作为食物链的底层，Object对象类型为各种其他类型的值服务，如自定义对象，以及函数、列表、正则表达式等内置对象。除了null和undefined以外，几乎所有的值都与Object对象直接相关，或者可以在需要的时候变为对象类型。

在前面的章节里，我们介绍Object对象功能非常少，这些功能只能用来指定一些命名了的关键词和值对（这些值对又被叫做**属性**）。这些功能和其他具有像哈希表、关联数组、字典等数据结构的编程语言是一样的。

无论如何，这些内容挺无聊的，我们去学一些更有意思的知识吧！

创建对象

现在流行的创建对象的方法是用看起来比较好看（同时也简洁）的**字面声明：**

```
var funnyGuy = {};
```

在一些旧版本的书里，对象的赋值方式都会写成“new Object()”，而现在只要用一对花括号“{}”就可以直接赋值。执行了这一行代码后，我们就创建了一个叫做funnyGuy的变量，这个变量储存的是一个对象。到这里为止应该都好理解，我们接着讲解。

这个funnyGuy 对象可不像他的名字一样有趣。我们继续深入讲解，用可视化图片来剖析这个对象。从表面看，我们只是得到了一个funnyGuy 对象：

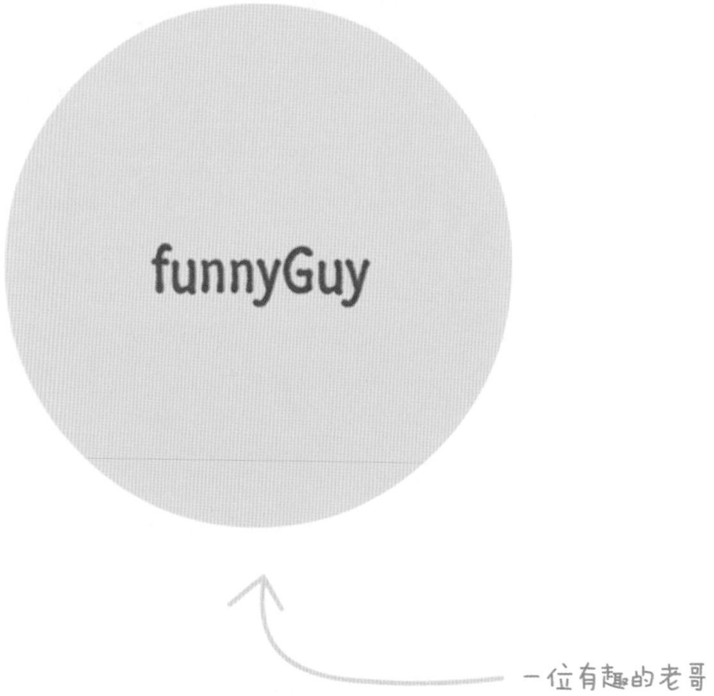

如果跳出来更宏观地看，会发现这个funnyGuy 并不是孤立存在的。由于它是一个对象，所以这个变量与派生出这个对象的主对象 Object 有一个连接：

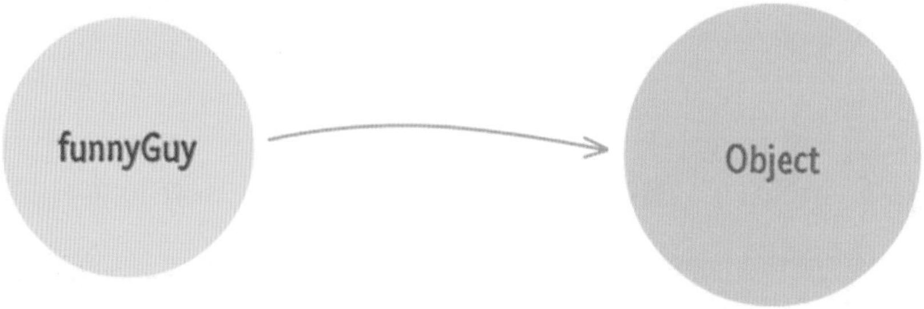

这个连接的意义非常重要，我们来给这个可视化图片添加一些细节：

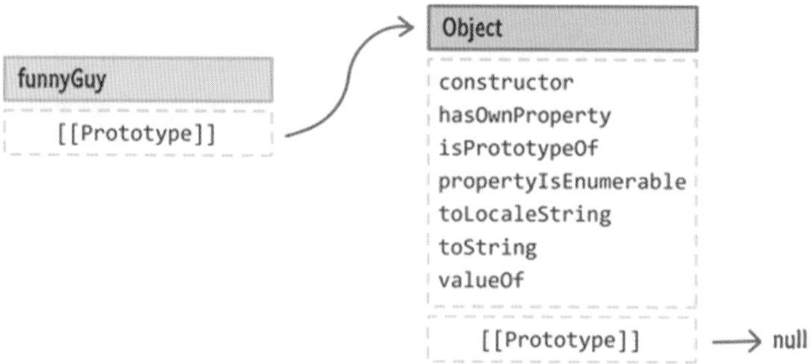

funnyGuy 对象并没有定义任何属性，这一点在我们所写的程序（以及上面的图表）中已经表现出来了：

```
var funnyGuy = {};
```

创建的funnyGuy是一个空的对象。尽管没有定义任何属性，但依然存在一个内置的属性，即原型。通常写作**[[Prototype]]**，它指向的是一个内部定义的Object对象。

如果你这时候感觉脑子不够用了，那我们再讲慢一点，解释一下发生了什么。

首先这个 proto属性指向的是一个原型对象。

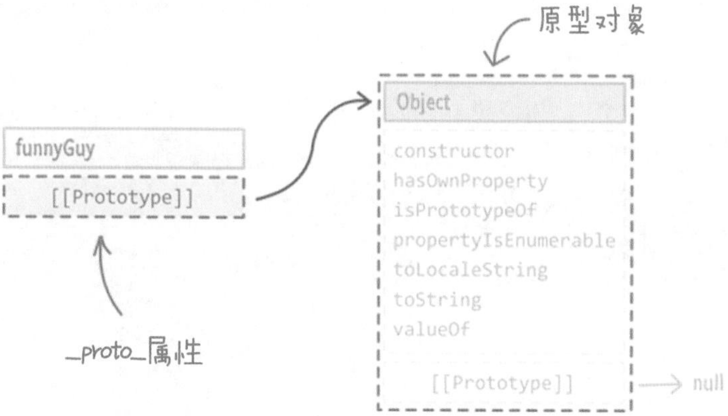

这个原型对象是另一个对象的源。在我们的例子中，对象funnyGuy是以Object为原型创建的。我们来看上面这个图来理解，funnyGuy包含有自己的属性，由于它是由Object派生而来，你可以在对象funnyGuy中访问所有Object拥有的属性。

比如，我可以这样：

```
var funnyGuy = {};
funnyGuy.toString();  // [object Object]
```

我在funnyGuy对象中使用了toString()方法。尽管funnyGuy本身并没有toString方法，但是返回的值并没有出错或者返回undefined，而且在funnyGuy对象中使用toString()方法得到了结果。

用另外一种思路来看，你的funnyGuy就像一个小孩，他自己并没有钱买贵重的东西，而这个小孩，即funnyGuy，他/她的父母有一张信用卡。只要能够使用信用卡，这个小孩就可以买这个贵重的东西了。funnyGuy和Object对象的关系就跟这里的小孩和父母的关系类似，尽管小孩什么都没有，但他/她可以向父母索要。

把这个当成情景剧

再看一遍我们的例子，其实工作机制就和下面这个情景剧一样：

我们的JavaScript引擎说：**嘿，funnyGuy！我要给你调用toString()了。**

funnyGuy对象回复说：**哟，老兄，我不知道你说的是啥。**

JavaScript引擎于是说：**唔，我要检查一下你的原型对象，看看你的对象里面有没有一个叫toString()的属性。**

几微秒过后，引擎通过[[Prototype]]属性发现了Object的原型属性，说：**Object，我的老哥，你有toString()属性吗?**

Object很快就回答：**是的。**于是引擎就调用了toString方法。

这样（非常“戏剧性”的）一整个互动就是所谓的**原型链**。如果一个对象并没有你所需要的对象，JavaScript会顺着已经定义了[[Prototype]]连接的对象的原型对象，一个接一个地查看，直到Object对象本身为止。到了Object对象就不能继续往下连接了，因为它的原型就是所有对象所能拥有的原型了。这一点我在上面图中重点标识出来了，Object的[[Prototype]]的值是**null**。

如果你在学习其他编程语言时接触过**“继承”**这个概念，以上就是继承的一个典型例子。

指定属性

我猜你想不到，就这么简单的一行代码竟然要费这么多功夫来解释。不过起码我提前给你们灌输了很多概念性的数据。希望这些东西可以在后面的学习中对你有所帮助。

现在，我们的对象依然是空的：

```
var funnyGuy = {};
```

我们来给这个对象指定一些属性，它们叫做firstName和lastName。正如JavaScript中的其他内容一样，把属性作为元素来定义的方法有很多种。下面这个方法用到了点号(.)：

```
var funnyGuy = {};
funnyGuy.firstName = "Conan";
funnyGuy.lastName = "O'Brien";
```

另一种方法用到的是方括号：

```
var funnyGuy = {};
funnyGuy["firstName"] = "Conan";
funnyGuy["lastName"] = "O'Brien";
```

最后一种方法是用赋值语法进行**文字声明：**

```
var funnyGuy = {
    firstName: "Conan",
    lastName: "O'Brien"
};
```

这三种指定属性的方法没有对错优劣之分，我们要留意在哪些情况下用哪种方法更好。一般来说我是根据这些情况选择不同方法的：

1. 当我直接用一个值来声明变量的时候，会用文字声明。

2. 如果被指定的属性的值是作为参数或表达式存在，我会用点符号来指定属性。

3. 如果属性名称本身就是参数或表达式的一部分，我会用方括号来指定属性。

无论是用哪一种方法来指定属性，最终funnyGuy对象都会得到这两个自定义的属性（以及值）：

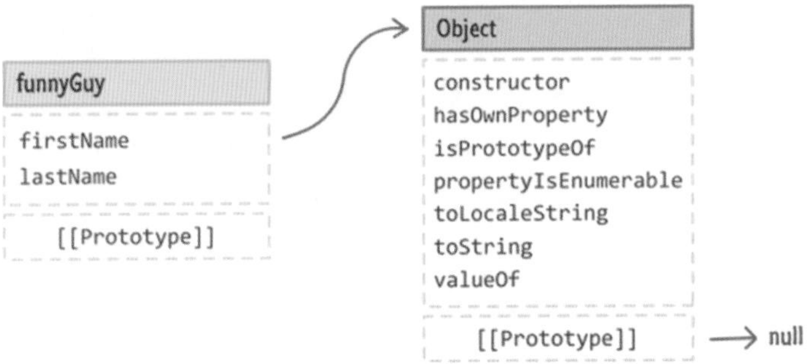

以上内容应该比较好理解。在前往更有趣的内容之前，我们先给这个对象创建一个叫做**getName**的方法，这个方法可以返回firstName 和lastName属性的值。在这里我会用文字声明来做示范，因为在这种情况下这个指定属性的方法比其他两个更简单。

```
var funnyGuy = {
    firstName: "Conan",
    lastName: "O'Brien",

    getName: function() {
        return "Name is: " + this.firstName + " " + this.
lastName;
    }
};
```

getName属性的值是一个返回字符串的函数，返回的值包括firstName和lastName 属性的值。要调用getName属性……不对，是方法，你需要这么做：

```
var funnyGuy = {
    firstName: "Conan",
    lastName: "O'Brien",
```

```
    getName: function() {
        return "Name is: " + this.firstName + " " + this.
lastName;
    }
};

alert(funnyGuy.getName()); // Name is: Conan O'Brien
```

是的，这就是关于声明对象并对其设置属性的全部内容。从中你也间接学到了在创建一个简单对象时在后台发生了什么。在下一小节，我们要讲的内容的难度会继续升级，届时你会需要用到这里学到的知识。

创建自定义对象

将通用的Object对象的所有属性放在一个对象中似乎非常有用，但是在创建多个类似的对象时，这种优势就不那么明显了：

```
var funnyGuy = {
    firstName: "Conan",
    lastName: "O'Brien",

    getName: function () {
        return "Name is: " + this.firstName + " " + this.
lastName;
    }
};

var theDude = {
    firstName: "Jeffrey",
    lastName: "Lebowski",

    getName: function () {
        return "Name is: " + this.firstName + " " + this.
lastName;
    }
};
```

```
var detective = {
    firstName: "Adrian",
    lastName: "Monk",

    getName: function () {
        return "Name is: " + this.firstName + " " + this.
lastName;
    }
};
```

现在，如果我们把刚才的代码都可视化，会得到下面这张图：

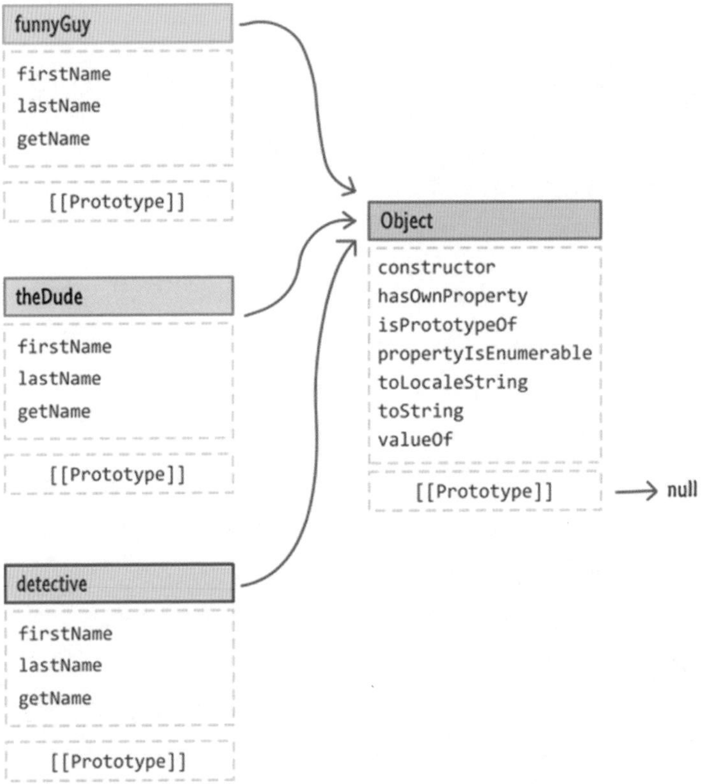

在这里，很多复制过来的内容都是不必要的，我们用刚才学过的继承和原型链来修正一下这段代码。

首先我们要做的是创建一个起媒介作用的**父对象**，这个父对象包含的属性比较广，有时候不需要把所有的属性都放在他的**子对象**中。在本例子中，由于firstName和lastName属性在每个对象中的值都不一样，所以这两个属性依然分别属于funnyGuy、theDude和detective对象。

而getName属性则不然，我们不需要把这个属性复制到每一个对象中。所以我们要把getName包装起来作为父对象，剩下3个对象就可以继承这个父对象了。我们把这个父对象命名为person：

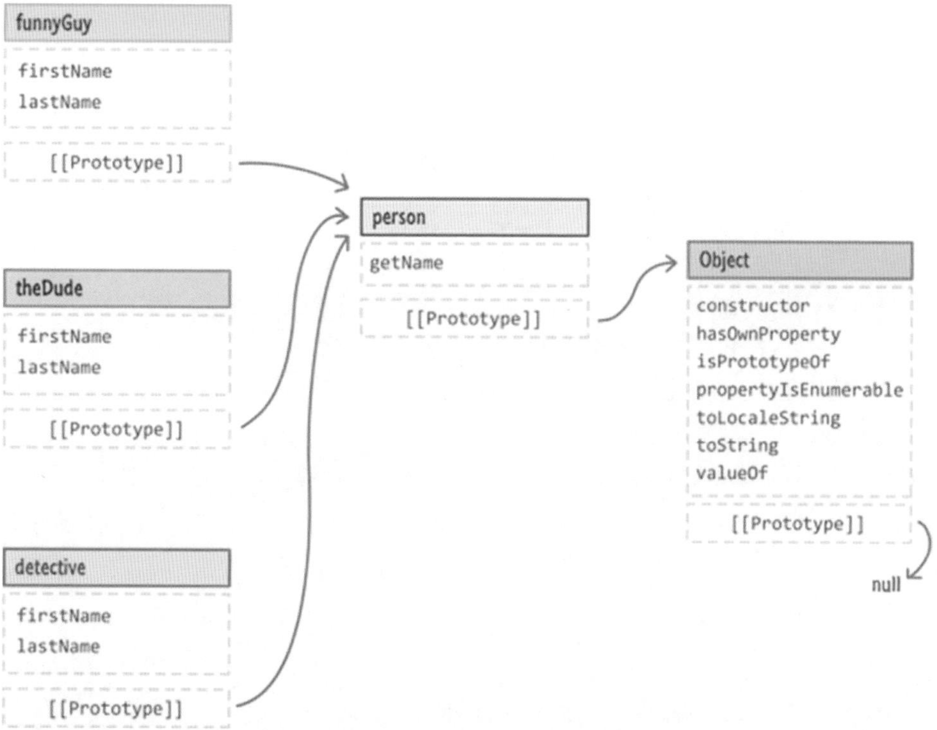

从图像上来看这是行得通的，那么在代码中要怎么实现呢?

先把能想到的说出来：我们需要创建funnyGuy、theDude以及detective对象，并且分别在这三个对象下定义firstName和lastName属性。这些都很简单，但是只有这几步还不够。这三个对象的原型都是Object对象的原型，这不是我们想要的。我们需要把带有getName属性的person对象作为原型链一部分作为在中间的父对象。实现这一步的方法是把funnyGuy、theDude以及detective 对象的[[Prototype]]指向person。

为了实现这一步，我们会用到极其好用的Object.create方法。在使用之前我们先来看一下它是如何工作的。Object.create方法，顾名思义，就是用来创建对象的。作为创建对象的一部分，这个方法可以指定新建对象的原型。Object.create所能提供的，正是我们所需要的！

我们现在就用Object.create 方法来实现前面图中和文字解释吧：

```
var person = {
    getName: function () {
        return "Name is " + this.firstName + " " + this.
lastName;
    }
};

var funnyGuy = Object.create(person);
funnyGuy.firstName = "Conan";
funnyGuy.lastName = "O'Brien";

var theDude = Object.create(person);
theDude.firstName = "Jeffrey";
theDude.lastName = "Lebowski";

var detective = Object.create(person);
detective.firstName = "Adrian";
detective.lastName = "Monk";
```

我们来仔细地分析这段代码。首先创建了一个 person 对象：

```
var person = {
    getName: function () {
        return "Name is " + this.firstName + " " + this.
lastName;
    }
};
```

这里并没有什么特别之处。我们创建的person对象的类型为Object对象的原型，它的[[Prototype]]也会指向Object。Person对象包含一个getName方法，可以返回this.firstName和this.lastName的值。我们会在后面再简单地介绍关键词this以及它的工作方式，现在暂时先不管它。

创建了person 对象之后，我们的代码就像下图这样：

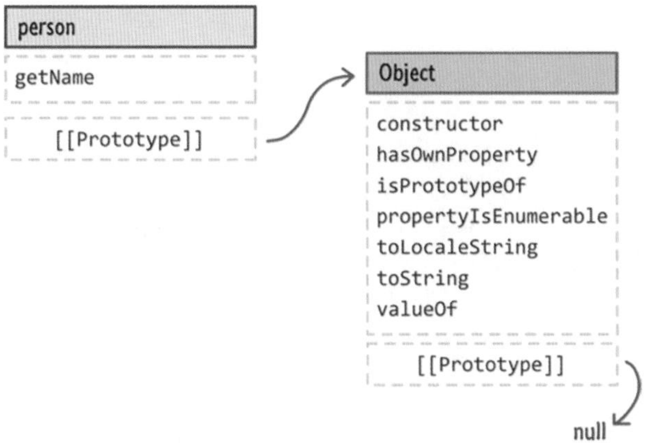

在下一行，我们声明了funnyGuy变量，并将变量赋值为Object.create所返回的对象：

```
var funnyGuy = Object.create(person);
```

注意，我在括号内输入person作为Object.create的参数。之前提到过，这段代码的意义是，你所创建的对象的[[Prototype]]指向的是person对象。接着看下图：

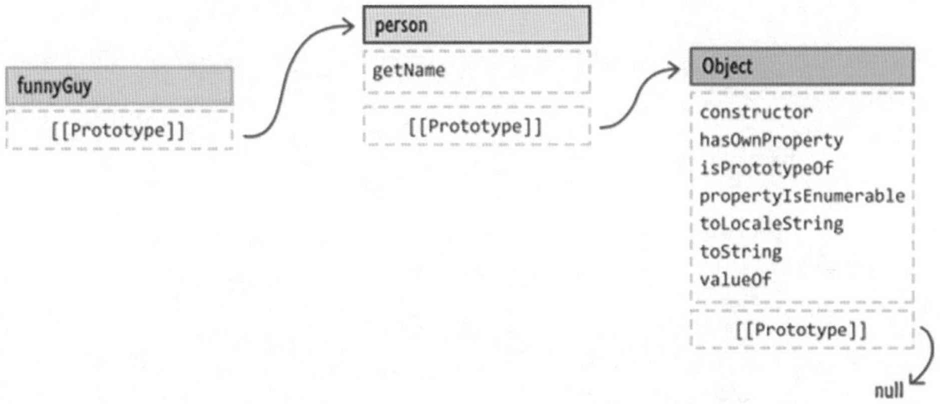

我们创建的funnyGuy对象以person对象为原型。下面两行代码，我们为对象定义了firstName 和lastName属性：

```
var funnyGuy = Object.create(person);
funnyGuy.firstName = "Conan";
funnyGuy.lastName = "O'Brien";
```

这是一个标准的、普通的操作，在对象内用名称和值声明属性。最终结果也如我们所预料的一样：

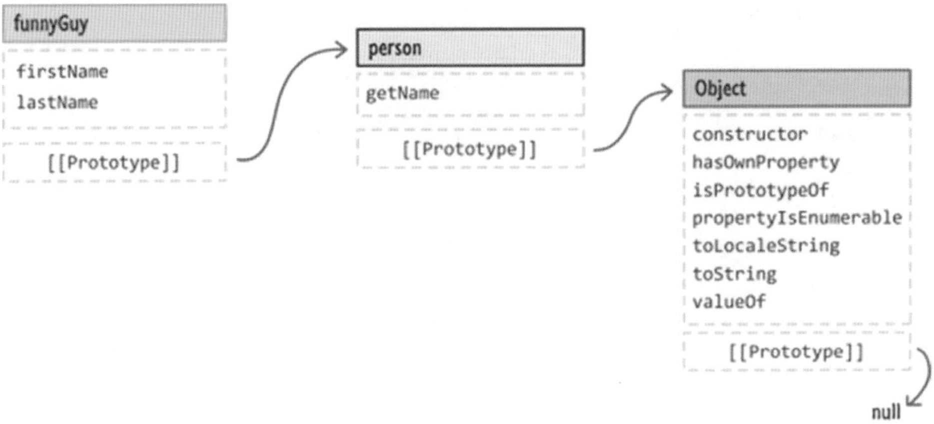

目前只是创建了funnyGuy对象并设置了firstName和lastName属性。我们还要创建theDude 和detective 对象，并分别在这两个对象下设置firstName 和lastName 属性，步骤和之前是一样的。我们就直接跳过，不再详述，直接去看更加有趣的内容。

到这里，如果你还跟得上并且理解了这些内容，你应该佩服自己。许多人学习JavaScript很久了，也没搞懂继承和原型链是怎么一回事。能学会这个内容真是一项巨大的成就！

然而还没结束，在开香槟庆祝之前我们还要再看一个知识点。

关键词 this

我们回到person 对象，或者更准确地说，回到getName 属性上：

```
var person = {
    getName: function () {
        return "The name is " + this.firstName + " " +
          this.lastName;
    }
};
```

在调用getName时，根据调用的对象会返回相对应的值。比如说，如果我们把代码写为:

```
var funnyGuy = Object.create(person);
```

```
funnyGuy.firstName = "Conan";
funnyGuy.lastName = "O'Brien";

alert(funnyGuy.getName());
```

运行这段代码后，你会看到对话框显示以下内容：

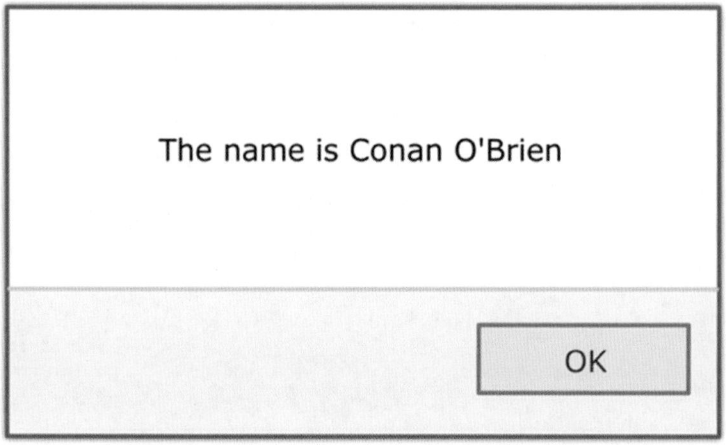

再看一遍getName方法，在person对象中绝对没有firstName或lastName属性。之前提到过，当这个属性不存在的时候，JavaScript对象会顺着原型链一层一层地找父对象。在这个例子中，这个父对象就是Object：

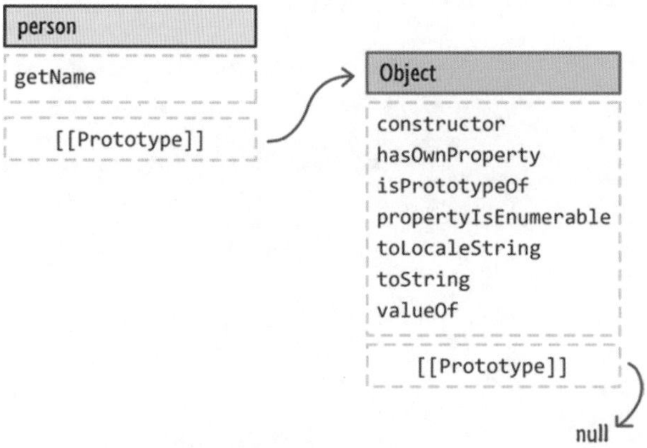

然而在Object中依然没有firstName或lastName属性。那为什么getName方法依然能够运作并且返回正确的值呢？

答案就在firstName和lastName前面的this上。关键词this引用的是getName方法指向的对象。在这里，这个对象就是funnyGuy。

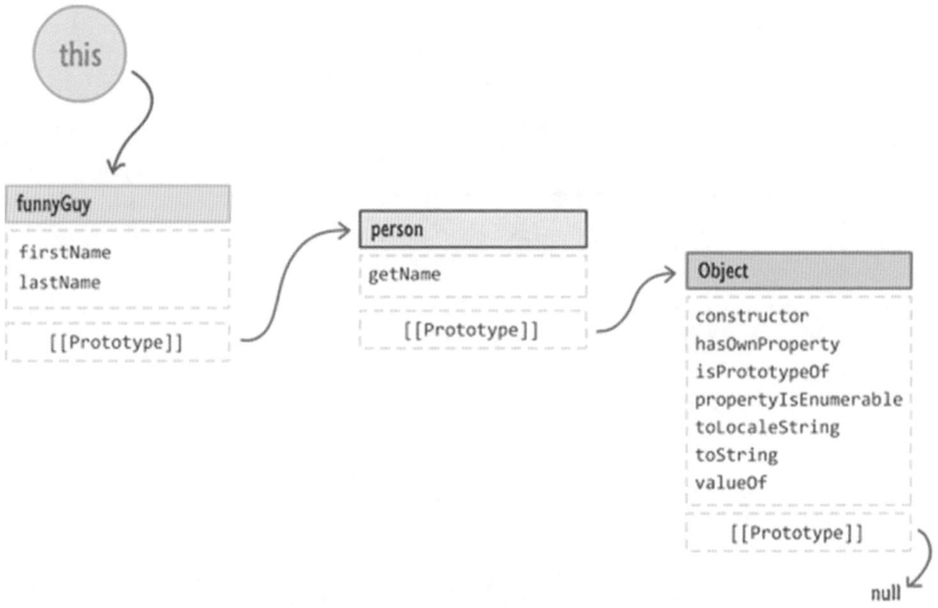

当执行到getName方法并且需要解析firstName和lastName属性的时候，JavaScript就会从this所指向的对象开始查找。在这里，this所指向的对象正是funnyGuy，这个对象正好包含firstName和lastName属性！

知道关键词this 指向哪里是我们后面要重点讲的内容，不过这一章节所学到的内容就足够让你走得很远了。

本章小结

由于JavaScript是对象为导向的编程语言，在这基础上有太多内容，所以关于对象的主题覆盖面才会这么广，内容才会如此深。本章所讲的内容主要是关于一个对象如何直接或间接地继承另一个对象。与其他更为经典的编程语言相比，它们用类而不是对象来继承。JavaScript并没有类的概念，而是用原型继承模式。对象并不是一个模版，我们可以从0开始创建一个对象，当然大多数情况下是通过复制甚至克隆一个对象来创建另一个对象。

我试图通过这么多页的讲解来介绍JavaScript处理对象的新功能，并延伸到所需要的操作。我们要讲的还有很多，暂且先到这里，在后面的章节还会接触到更有趣的内容，并把之前所学过的内容以更生动、更有趣、更强有力的表现方式展示给大家。

17

本章内容

- 了解扩展对象的功能
- 学习更多关于原型链的内容

对内置的对象进行扩展

从前面的内容来看，我们已经知道JavaScript是来自一个生产大量对象的工厂。这些对象提供了处理文本、数字、数据、日期以及各种值的核心功能。然而，随着你对JavaScript越来越熟悉，并且开始利用它做一些更有趣的事情，你会发现你需要的比内置对象所提供的更多。

我们用比较现实的例子来介绍，以下是一个重新排列列表元素（shuffle）的一段代码：

```
function shuffle(input) {
    for (var i = input.length - 1; i >= 0; i--) {

        var randomIndex = Math.floor(Math.random() * (i + 1));
        var itemAtIndex = input[randomIndex];

        input[randomIndex] = input[i];
        input[i] = itemAtIndex;
    }
    return input;
}
```

使用shuffle函数，只要调用这个函数名称，并输入你所需要重新排列的列表即可：

```
var tempArray = [1, 2, 3, 4, 5, 6, 7, 8, 9, 10];
shuffle(tempArray);

// 结果是...
alert(tempArray);
```

运行这则代码之后，你的列表内容就被重新排列了。这个函数很有用，非常非常好用。重新排列功能就应该成为列表对象的一部分，就和push、pop和silce等其他属性一样。

如果shuffle 函数也能成为列表对象的一部分，我们的代码就可以这么写：

```
var tempArray = [1, 2, 3, 4, 5, 6, 7, 8, 9, 10];
tempArray.shuffle();
```

这就是在内置（列表）对象扩展自定义的功能（重新排列）的一个例子。在本章节，我们将会学到如何实现这一功能，为什么可以实现，以及为什么扩展内置对象会有争议。

那我们就开始吧！

又要遇到prototype……

扩展内置对象的功能听起来很复杂，但是明白要怎么操作之后就很简单。为了方便讲解，我们会用到包含列表（array）对象的代码案例和图片：

The Array, 1988
此array非彼array，起码这个叫Array的小朋友看起来比“列表”和善多了

不开玩笑了，我们来看下面的代码吧：

```
var tempArray = [1, 2, 3, 4, 5, 6, 7, 8, 9, 10];
```

如果要用图片展示tempArray的结构，大概如下图所示：

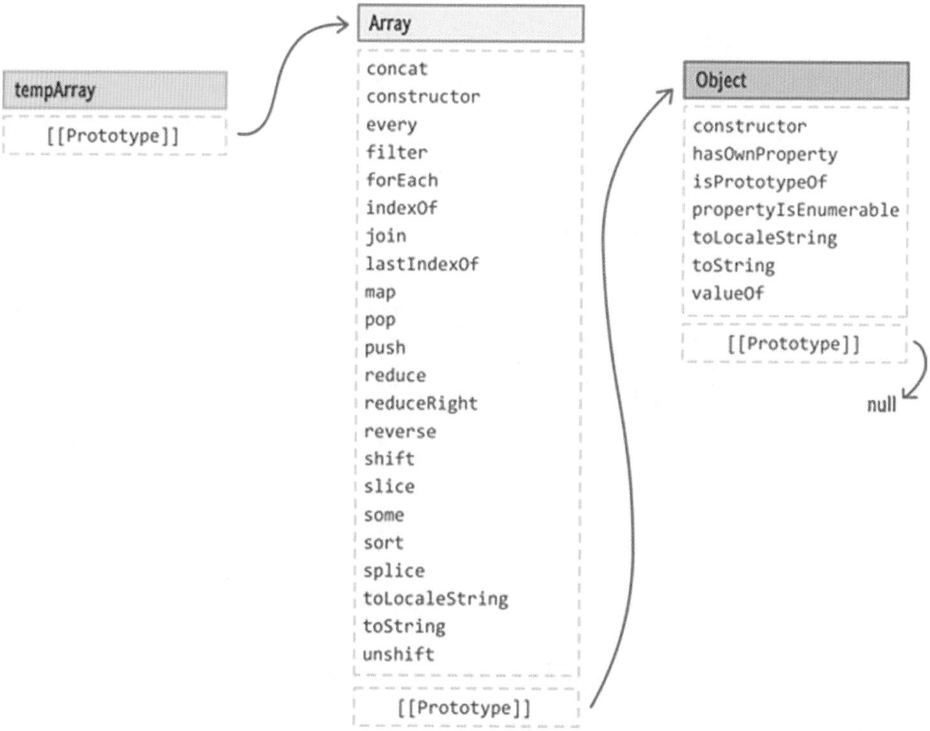

在最左边，我们的tempArray是列表对象Array的一个实例，而内置的Array列表对象又是由Object对象派生出来的。现在我们要在Array对象中扩展shuffle函数，也就是把shuffle函数插入到Array对象中。

这就是JavaScript诡异的地方，我们并没有访问Array对象的源代码，也无法像对自定义对象的操作那样用函数和对象来把shuffle插入到Array中。像Array这种内置的对象是在浏览器内部定义的，是无法对其进行更改的，所以我们要采取别的办法。

这个将shuffle偷偷地依附到Array对象的“别的办法”，需要用到Array的原型属性。于是就有以下的代码：

```
Array.prototype.shuffle = function () {
    var input = this;
  for (var i = input.length - 1; i >= 0; i--) {
```

```
        var randomIndex = Math.floor(Math.random() * (i + 1));
        var itemAtIndex = input[randomIndex];

        input[randomIndex] = input[i];
        input[i] = itemAtIndex;
    }
    return input;
}
```

注意，此时的shuffle 函数是在Array.prototype中声明的，而函数的运作方式也发生了一点小小的变化。在这里我们不再把需要重新排列的列表作为参数：

```
function shuffle(input) {
     .
     .
     .
     .
     .
}
```

由于这个函数已经是Array对象的一部分了，所以函数主题内的关键词this指向的正是需要重新组合的列表：

```
Array.prototype.shuffle = function () {
    var input = this;
     .
     .
     .
     .
}
```

回到上一步，运行了这一行代码，shuffle函数就会被安排进Array对象中，与其他内置属性“摩肩接踵”：

如果想要访问shuffle属性（不对……是方法，我怎么老是写错……），你可以直接调用这个方法：

```
var tempArray = [1, 2, 3, 4, 5, 6, 7, 8, 9, 10]
tempArray.shuffle();
```

这是因为prototype属性可以让你的代码直接进入到Array对象内部，在prototype上定义函数就可以让我们得到想要的。更好的是，由于原型的继承，之后新建的列表都可以直接访问shuffle方法。

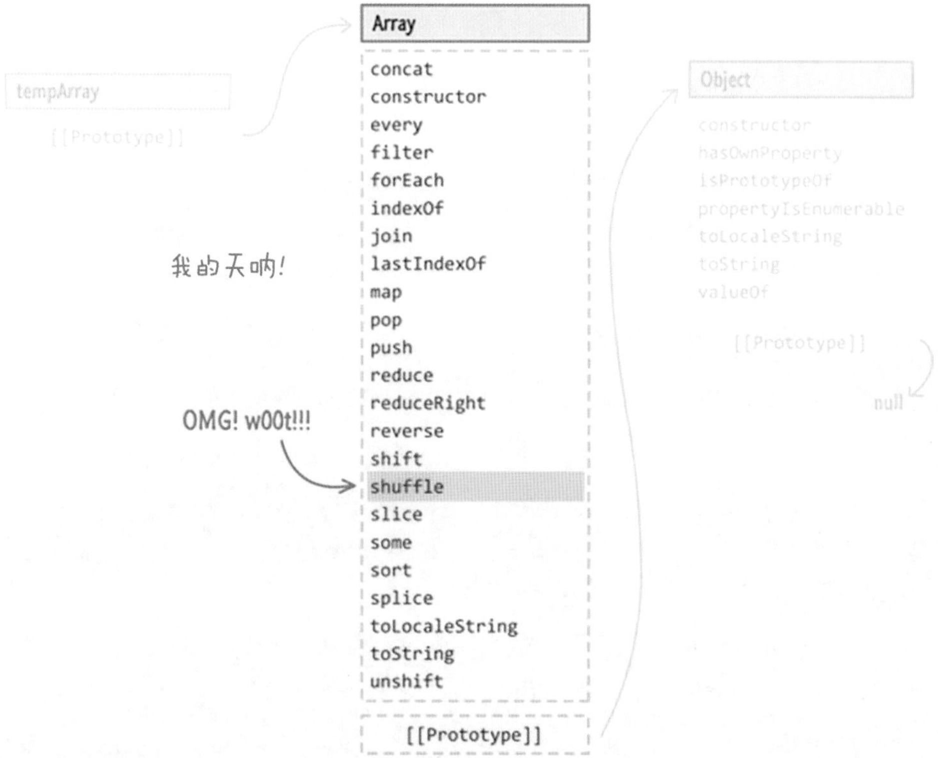

内置对象的扩展是有争议的

为对象声明方法和属性，扩展对象的功能既然那么容易，可能我们会觉得应该所有人都会喜欢这么做。然而扩展内置对象的功能其实是有争议性的。争议的点在于……

我们无法预料未来对象功能的发展

未来JavaScript可能会自行完善，在数列中添加自己版本的“重新排列”功能，这时候如果你的shuffle方法和浏览器中的shuffle方法有冲突，尤其是两个shuffle方法的功能不一样的时候，嘿嘿。

有的功能不应该被扩展或者替换

你完全可以运用所学知识改变现有的属性和方法，比如说我是这样改变slice的：

```
Array.prototype.slice = function () {
   var input = this;
    input[0] = "This is an awesome example!";

    return input;
}

var tempArray = [1, 2, 3, 4, 5, 6, 7, 8, 9, 10];
tempArray.slice();

// 结果是 ...
alert(tempArray);
```

尽管这个例子不是很恰当，但是这也说明了更改现有的功能就是这么简单。

拓展阅读

更多关于扩展对象功能争议的讨论和阅读材料，可以浏览以下网站：**http://stackoverflow.com/questions/8859828/**。

本章小结：所以你的选择是?

我的答案很简单：**具体情况具体分析!** 我在前面提出的只是许多争议的其中两种。在大多数情况下，这些不赞同的理由都是成立的，但是如果你要问我说“我的某个情况也成立吗?”我会说，还真不一定。

就个人经验而言，我所扩展的功能还没有一个浏览器添加过。我在几年前就写了shuffle函数，至今为止没有一个浏览器有想要添加这一功能的迹象。当然没有在埋怨啦。其次，我添加的任何功能都是经过测试的，这样一来这个功能可以在我的目标浏览器上正常运行。只要你的测试足够全面（大概最新的一两个版本的浏览器都测试过），那就完全可以试一下。

如果担心程序的未来优化，你可以把属性或方法的命名改为只有你的程序才会使用的样子。比如说我把shuffle属性命名为Array.prototype.kirupaShuffle，这样一来任何浏览器都不会发布一个叫做kirupaShuffle的属性或方法。

无论如何，我们已经在这一章节和前几章里充分地讲解了对象的知识，在学习接下来紧张刺激的其他内容之前，先来回顾一下你会遇到的其他类型的知识。

18

本章内容

- 学习更多关于 true 和 false 背后的知识
- 理解布尔对象和布尔函数的功能
- 发现简单不等运算符和严格不等运算符之间的区别

布尔运算和严格的===、!==运算符

我们都希望所有值的类型都是那么有趣，但现实却并非如此，比如说布尔值就非常无聊。本章将会告诉你为什么布尔值是那么无趣。首先我们知道，在给变量赋值的时候，只要用到了**true**或者**false**，就创建了一个布尔值：

```
var sunny = false;
var traffic = true;
```

恭喜你，懂得了这一点就相当于理解了80%关于布尔值操作的知识了。当然80%是不够的，这就像是吃没有酱料的热狗，就像音乐会现场提前离开没有看到加演，就像说话只说一半。

那么这一章节就是要展开剩下的20%的内容，这些内容构成了布尔值的一些奇怪特性，它们分别是：布尔对象、Boolean函数、运算符===及!==。

布尔对象

布尔值一般是以原始类型出现。在这里我稍微偷一下懒，继续用之前的例子来展示一下原始类型的布尔值：

```
var sunny = false;
var traffic = true;
```

和之前讲过的字符串和数值一样，在每一个原始值的背后都潜伏着一个对象的表现形式。创建一个布尔对象的方法需要用到关键词new、构造名称Boolean以及赋值：

```
var boolObject = new Boolean(false);
var anotherBool = new Boolean(true);
```

你所输入的赋值一般为**true**或**false**，也可以输入一些最后会赋值为**true**或**false**的内容。关于后者，会在后面详细解释，但是关于布尔值变量的使用，我们有一条义务的忠告：除非你确确实实地需要用到布尔对象，不然最好还是使用原始类型的布尔值。

Boolean 函数

使用布尔构造函数有一个好处，就是在创建布尔对象并赋值的时候，可以输入任何类型的值或表达式：

```
var boolObject = new Boolean(arbitrary expression);
```

这种优势在于，有一些表达式并不能立即知道它的布尔值是true或者false，尤其是在处理外部数据和代码的时候，我们无法控制这个表达式最终的布尔值。我们看下面这个例子：

```
var isMovieAvailable = getMovieData[4];
```

isMovieAvailable的值既有可能是ture也有可能是false。在处理数据的时候，你无法保证这段代码会不会在某个时候停止或者返回值出现变更。就像在现实生活中，如果不采取某些行动，单纯地希望事情自行处理是不可能的。而在JavaScript中，布尔函数就是所要采取的行动。

那么，建立一个函数来解决这种抽象的问题似乎行之有效，但是用Boolean构造函数，最终会返回一个对象类型的值，这显然不是我们想要的。幸运的是我们可以采用灵活的办法，简单地把Boolean构造函数的对象值返回成原始类型。这种方法就是Boolean函数：

```
var bool = Boolean(true);
```

布尔函数可以让你在输入抽象的值或表达式时依然能够返回**原始类型的布尔值**。在实际操作上，布尔函数与构造函数之间的区别只在于有没有关键词new。无论如何，先花点时间看一看我们可以在Boolean函数中能输入些什么值。注意，这些值也同样可以输入到之前提到过的Boolean构造函数中。

当输入null、undefined、空的字符串、**NaN**、**false**或者不输入任何值，Boolean函数最终会返回**false**。

```
var bool;

bool = Boolean(null);
bool = Boolean(undefined);
bool = Boolean();
bool = Boolean(0);
bool = Boolean("");
bool = Boolean(NaN);
bool = Boolean(false);
```

在这些情况下，变量bool都会返回**false**。如果想要返回**true**值，你需要输入**true**或者上面提到的值以外的任何值：

```
var bool;

bool = Boolean(true);
bool = Boolean("hello");
bool = Boolean("Liam Neesons" + "Bruce Willie");
bool = Boolean(new Boolean()); // Inception!!!
bool = Boolean("false"); // "false" is a string
```

在这些情况下bool变量都会返回**true**。这里面有一些语句比较奇怪，我们来看看这里的微妙之处。如果在表达式中判定一个对象的布尔值，比如说new Boolean(**new Boolean()**)，最终判定的结果是**true**，因为对象的存在本身就会让函数返回true值， 而new Boolean()本身就会返回一个新的对象。将这个逻辑拓展一下，我们就知道下面这段代码最终会返回一个**ture**值：

```
var boolObject = new Boolean(false);

if (boolObject) {
    alert("Bool, you so crazy!!!");
}
```

你不用担心这个对象的值本身是false，也不用管这个对象是字符串还是列表，只要变量的值是对象，返回的就是true。相比而言原始类型的规则就简单得多，只要输入的是原始类型（或者判定为原始类型），并且不是null、undefined、0、空字符串或者false，最后就会返回true。

严格的“等于”、“不等于”运算符

最后要学的内容结合了之前讲过的值的类型和布尔值，并且会转变我们对条件运算符的认识。我们知道了运算符== 及!=的含义，并且也见到过几次。这两个运算符是用来表示两者之间相等或不等的关系。然而，我们之前没有意识到这两个运算符有着一些细小的问题。

先看看以下的例子:

```
function theSolution(answer) {
    if (answer == 42) {
        alert("You have nothing more to learn!");
    }
}

theSolution("42"); //42 is passed in as a string
```

在这个例子中，条件表达式answer == 42最终判定为**true**，尽管我们输入的42是字符串，而表达式中要验证的却是数值。那么问题出在哪里？在什么样的情况下字符串竟然能和数值等同呢？答案就在运算符==和!=中。尽管两个值都为42，但是一个是数值，一个是字符串，为了让代码能够运行，JavaScript会在后台强制将两个相似但完全不同的值变成完全相同的值，这就是所谓的**“强制类型转换”**。

然而，问题是我们并不想要这种结果——尤其是你不知道有强制类型转换这回事的时候。为了避免这种情况发生，你需要用一套更严格的“等于”和“不等于”运算符，这套运算符分别是===和!==。这套运算符的功能是查看**值和类型**是否相同，并且不执行强制类型转换。这样一来，两个值是否相等就完全取决于你自己编写的代码了。

我们用===替代==来修正一下之前的代码吧：

```
function theSolution(answer) {
    if (answer === 42) {
        alert("You have nothing more to learn!");
    }
}

theSolution("42"); // 42 作为字符串输入
```

这时候表达式就会判定为**false**。在更严格的条件下，尽管两个数字相同，但一个是字符串一个是数值，由于没有了强制类型转换，表达式最终判定结果为**false**。

一般情况下，最好使用更严格的运算符，这样一来比较容易找出代码中的错误，而且这些错误一般来说是很难识别的。

注意 如果你要对比两个对象，无论是严格的运算符，还是那套不那么严格的运算符，都不会像预想中的那样执行。比如说，表达式 new String("A")==new String("A") 最终会返回false。在对比两个对象是否相等的时候必须牢记这一点。

本章小结

布尔值是代码中最常用到的类型之一。尽管它们看起来很简单，但是它们能够决定代码往哪一个分支运行。尽管对我来说使用Boolean函数的次数屈指可数，但是在别人的代码中却遇到过不少。

本章内容

- 了解值不存在的情况
- 理解 null 与 undefined 的关系

19

NULL与UNDEFINED

null和undefined是世界上最神秘的内容。你看到的大部分代码都包含这两个类型的值，而自己编写代码的时候也总能遇上它们。不管再怎么神秘，理解null和undefined并不困难，反而还会有点无聊……就像目前学到的关于JavaScript里所有无聊（然而很重要）的内容一样。

那我们就开始吧！

Null

我们从null开始。关键词null也是一个原始类型，它在JavaScript中扮演着特殊的角色。很明显null的涵义是**“空值”**。如果你看过别人编写的代码，很有可能会看到null在代码中出现很多次，这很正常，因为null的优势在于它的确定性。比起带着一个不需要的值或者使用神秘的undefined，将变量赋值为null可以更清楚地表明你希望这个值不存在。

在需要给变量赋上表示“空值”的值的时候，null的优势就变得非常重要。

看看下面的例子：

```
var test = null;

if (test === null) {
    test = "Peter Griffin";
} else {
    test = null;
}
```

null原始值并不会自己出现，它需要自行添加，于是你会经常看到在变量声明和调用函数时将null作为参数输入。使用null非常简单，检查null的值也非常简单：

```
if (test === null) {
    // do something interesting...or not
}
```

唯一需要注意的是，在使用运算符的时候应当使用严格的===而不是宽松的==。虽然使用==并不会导致世界末日，但是你可以试一下为什么不能用它。

NULL 究竟是原始类型还是对象?

null原始类型与字符串和布尔值的内置类型一样，都有各自的对象类型。然而很奇怪的一点，尽管刚才我们把null看作是原始类型，但是无论在任何时候，我们调用typeof null返回的结果都是object。这可不是原始类型值会出现的情况。不过出现这种情况的原因是JavaScript语言一直以来的bug。有流言说JavaScript可能会在未来修复这个bug。

Undefined

undefined相比起来稍微有趣一些。为了表示某个事物没有被定义，我们会用到原始类型undefined。我们看到过几种返回undefined的情况，最常见的情况是访问没有被赋值的变量和访问一个不会返回任何内容的函数值。

下面这个代码片段指出了undefined的栖息地：

```
var myVariable;
alert(myVariable); // undefined

function doNothing() {
    // watch paint dry
    return;
}

var weekendPlans = doNothing();
alert(weekendPlans); // undefined
```

在编写代码的时候，我们一般不会主动加上undefined，而是用它来检测某个值是否为undefined。我们有几种方法来进行检测，首先是最幼稚的也是最有效的方法：

```
if (myVariable == undefined) {
    // do something
}
```

这种方法的缺点是有可能undefined值会把**true**值覆盖掉，这会破坏你的整个代码，最保险的方法需要用到typeof和===运算符：

```
var myVariable;if (typeof myVariable === "undefined") {
    alert("Define me!!!");
}
```

这样就可以保证检测undefined值时总会返回正确的答案。

NULL==UNDEFINED，但 NULL!==UNDEFINED

这一章又要涉及到==和===。如果检查一下null == undefined的布尔值，你会发现返回的值是true。如果你用===运算符，检查null=== undefined的布尔值，返回的值是false。

理由是==会强制转换值的类型，将两个值强制转换为同一个类型的值，这个类型由JavaScript决定。而使用===则会同时对值和类型进行检查，这是一种更综合的检查，这样才能检测到undefined和null是不同的值。

本章小结

null和undefined不仅无趣，还不好理解，所以在讲解内置类型的时候我们把null和undefined放到最后。学会如何使用和检测null和undefined是学会纠正代码的重要环节，否则会出现许多难以察觉的细微错误。

本章内容

- 理解匿名函数
- 学会快速调用一块代码
- 通过创建个人数据进一步理解作用域

20

立即执行函数表达式

本章节不再继续讲对象的内容，我们要去关注一些更重要的内容，这些内容只有现在讲才有意义，这个意义具体指的是什么，我们会在下面的例子中提到。不管怎样，目前我们已经知道在JavaScript中函数的使用非常频繁。函数能够聚合一些代码语句，如果我们给函数进行命名，就可以频繁地重复使用这些代码语句，就像下面这个例子。

```
function areYouLucky() {
    // 从 0 到 100 的随机数
    var foo = Math.floor(Math.random() * 100);

    if (foo > 50) {
        alert("You are lucky!");
    } else {
        alert("You are not lucky!");
    }
}

// 调用函数!
areYouLucky();
```

你也可以不给函数命名，这样反而还比较酷。这种没有名字的函数又叫匿名函数，匿名函数的用法如下：

```
// 匿名函数 #1
var isLucky = function () {
    var foo = Math.round(Math.random() * 100);

    if (foo > 50) {
        return "You are lucky!";
    } else {
        return "You are not lucky!";
    }
};
var me = isLucky();
alert(me);
// 匿名函数 #2

window.setTimeout(function () {
    alert("Everything is awesome!!!");
}, 2000);
```

这些匿名函数只有与某个变量联系在一起时才能被调用，将匿名函数作为其他函数的一部分时（如第2个例子中的setTimeOut）也可以经由另一个函数被调用。

本章我们将会介绍一种叫做**立即执行函数表达式**的函数。业内人士一般简称其为IIFE（Immediately Invoked Function Expression）。关于这个知识点非常无聊，随着我们对知识不断熟悉，会慢慢介绍一些使用案例，告诉你为什么会经常看见且使用到立即执行函数表达式。学完这部分内容以后，尽管依然还会感到很无聊，但至少我们会发现其用处及必要性……希望如此吧！

那我们就开始吧！

写一段简单的立即执行函数表达式

顾名思义，立即执行函数表达式不过就是一个立即执行的函数（并且这个函数被一堆括号包围着）。在讲解之前，我们先写一段IIFE，证明这种函数确实可以执行它的任务。以下是一段简单的立即执行函数表达式：

```
(function() {
    var shout = "I AM ALIVE!!!";
    alert(shout);
})();
```

现在就把这段代码放到浏览器中运行。如果代码正确无误，我们会看到对话框显示着“I AM ALIVE!!!”。如果没有出现这样的对话框，你需要检查一下这些括号的位置对不对。对于IIFE而言最常见的问题就是括号的不匹配和错误摆放！不管怎样，我们已经创建了一个立即执行函数表达式了，接着剥离表面，看看这段函数究竟做了些什么。

首先，我们编写了一段需要执行的函数代码：

```
function() {
    var shout = "I AM ALIVE!!!";
    alert(shout);
}
```

这只是一个简单的匿名函数，用来显示一句全部大写的英文。但是，按照这个函数的写法，JavaScript是不知道如何处理的，因为这个函数的语法是无效的。要让这则函数的语法有效，我们需要在函数主体后面加上一对()：

```
function() {
    var shout = "I AM ALIVE!!!";
    alert(shout);
```

```
}()
```

添加()就意味着括号前面的内容要立即执行。尽管如此，JavaScript还是会报错，因为前面这段代码的语法是非法的。所以解决办法就是告诉JavaScript这段函数只是作为一个表达式。最简单的办法就是再用另一对括号对函数进行封装 。

```
(function() {
    var shout = "I AM ALIVE!!!";
    alert(shout);
})();
```

现在整段函数就作为表达式存在了。出现了无数次的()正是让你的函数表达式能够被执行的关键。你也可以认为，当JavaScript遇到这个函数表达式后就被即刻执行（或者是调用）。

写一段带有参数的立即执行函数表达式

对于立即执行函数表达式而言，最难理解的地方在于认识到它是一个简单的函数。这些函数只是正好被数对括号包装起来以保证能够立即执行。当然，除此以外，在使用方面IIFE和普通函数还是有一些区别的。其中的一个主要区别在于输入参数的方式。

带有参数的立即执行函数表达式的结构大概如下：

```
(function (a, b) {
    /* code */
})(arg1, arg2);
```

和普通函数的调用一样，调用参数的书写顺序必须与函数主题的参数顺序对应。

以下是一个更完整的例子：

```
(function (first, last) {
    alert("My name is " + last + ", " + first + " " + last + ".");
})("James", "Bond");
```

如果把这段代码放到浏览器中（或者自己在脑海中）执行，最终显示的是My name is Bond, James Bond。学会了这个，你就基本了解如何编写一段IIFE了。这是比较简单的部分，而更有趣（同时也更难）的部分在于能够分辨出在什么情况下使用IIFE。

快速回顾作用域和函数

为了更好地消化下面几小节的内容，我们先来回顾一些重要的知识。在讲到变量作用域的章节中，我们知道JavaScript并没有代码块的概念，有的只是词的作用域。这意味着在某个代码块，比如说if语句或循环语句下声明的变量可以在整个闭包函数中被调用：

```
function scopeDemo() {
    if (true) {
        var foo = "I know what you did last summer!";
    }

    alert(foo); // 值是存在的!
}
scopeDemo();
```

如你所见，变量foo尽管是在if语句中被声明，却可以在if语句外部被访问，因为if语句并不是一个作用域的代码块。这种本应在“代码块”内部的变量能在整个闭包函数中使用的情况叫做变量提升。

什么时候使用立即执行函数表达式

现在，我们会对IIFE的价值产生怀疑，毕竟它和平常声明的和立即调用的函数好像没什么区别。其实IIFE和普通函数的主要区别在于，IIFE在运行后就会消失，并且不会留有任何存在过的痕迹，消失的很大一部分原因是IIFE本身是一个典型的匿名函数。这意味着我们无法用检查变量的方式来追踪函数，因为IIFE内部的代码实际上相当于函数内的代码，在函数内声明的代码只能在作用域内访问。这样一来，**IIFE就相当于能让你用一种简单的方法将代码放在一个泡沫中运行，并在运行以后消失得无影无踪。**

现在我们已经知道了IIFE的独特（且抽象）之处，接下来来看一看在什么时候会使用到它。

避免代码冲突

立即执行函数表达式的一大优点在于，将内部代码孤立起来，避免外部代码的冲突。对于会被应用到他人程序的代码而言这一功能是极其重要的。为了保证既定（或者是新写的）代码不会和你的变量冲突，或者别人的函数和方法凌驾于你，你的办法就是将你的代码包装在IIFE内。

举个例子，下面这段代码是我创建的**滑块**，并将这部分代码放在了IIFE里：

```
(function() {
    // 像个老大一样调出某个 DOM 元素
    var links = document.querySelectorAll(".itemLinks");
    var wrapper = document.querySelector("#wrapper");

    // activeLink 提供了对当前显示项目的指针
    var activeLink = 0;

    // 建立事件监听器
    for (var i = 0; i < links.length; i++) {
        var link = links[i];
        link.addEventListener('click', setClickedItem, false);

        // 找到 activeLink 的项目
        link.itemID = i;
    }

    // 将第一个项目设置为 active
    links[activeLink].classList.add("active");

    function setClickedItem(e) {
        removeActiveLinks();

        var clickedLink = e.target;
        activeLink = clickedLink.itemID;

        changePosition(clickedLink);
    }
```

```
    function removeActiveLinks() {
        for (var i = 0; i < links.length; i++) {
            links[i].classList.remove("active");
        }
    }

    // 解决幻灯片位置的改变问题并确保
    // 正确的链接在激活后高亮
    function changePosition(link) {
        var position = link.getAttribute("data-pos");
        wrapper.style.left = position;

        link.classList.add("active");
    }
})();
```

在这个例子中，重点在于第一行和最后一行把整段代码包装起来成为一个函数，并且将其立即执行，你不需要再做额外的修正。由于IIFE内部的代码只在自己的作用域内工作，不需要担心其他人的代码和你的代码重合并且破坏你所编写代码的功能。

闭包与变量锁定

关于闭包有一个细节在之前的章节没有重点展开：闭包可以通过引用来保留外部的值，但不是直接存储这个值。如果看文字看不明白，我们来看一段代码的例子。

我们先创建一个叫quotatious的函数：

```
function quotatious(names) {
    var quotes = [];

    for (var i = 0; i < names.length; i++) {

        var theFunction = function() {
            return "My name is " + names[i] + "!";
        }

        quotes.push(theFunction);
```

```
    }
    return quotes;
}
```

这段函数的意义看起来很简单，就是提取一个names的**列表**（这个列表目前只是一个由逗号分隔开的值的集合），并返回这个列表，这个函数在被调用的时候会将列表里的名字打印出来。如果要调用这段函数，还需要加上下面几行代码：

```
// 名字的列表
var people = ["Tony Stark", "John Rambo", "James Bond", "Rick
 James"];

// 获取函数的列表
var peopleFunctions = quotatious(people);

// 获取第一个函数
var person = peopleFunctions[0];

// 执行第一个函数
alert(person());
```

执行到最后一行的alert语句时，你认为会发生什么？由于我们的变量person是peopleFunctions函数返回的列表中的第一项，所以理论上最终结果应该会出现My name is Tony Stark!。

然而你最终看到的是这样的：

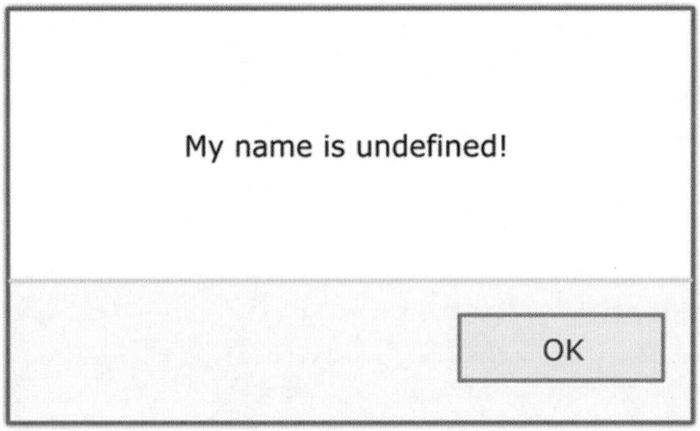

你会看到出现的结果并不是people列表中的任何一个人名，而是**undefined**，跟我们设想的**Tony Stark**完全不一样。问题到底出在哪儿呢?

问题的答案非常微妙，我们看看下面被高亮的两行代码：

```
function quotatious(names) {
    var quotes = [];

    for (var i = 0; i < names.length; i++) {

        var theFunction = function() {
            return "My name is " + names[i] + "!";
        }

        quotes.push(theFunction);
    }
    return quotes;
}
```

theFunction函数依赖于names[i]的值。i的值是由for循环（在父函数的作用域内）定义的，而for循环是在theFunction函数的作用域中。那么现在我们就有一个theFunction函数和外部变量i的闭包。图20.1用可视化的形式展示了这种关系。

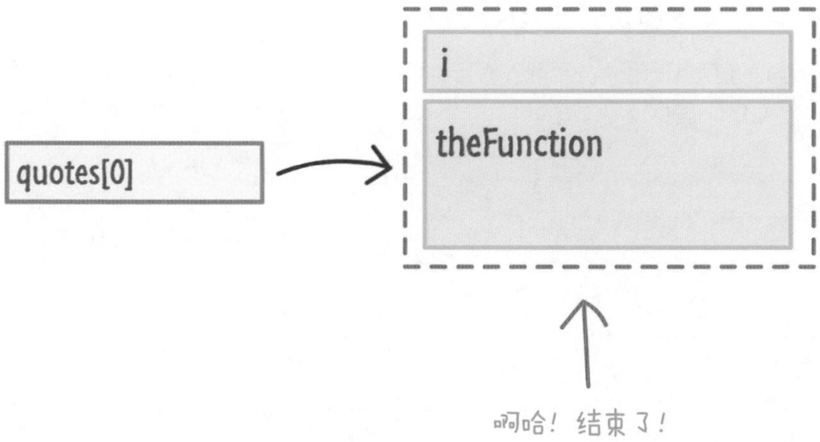

图 20.1

变量不在闭包中，却又不得不与闭包共存

这就是我要提到的闭包的细节。i的值从来就没有被锁定在theFunction函数或者是闭包内，这个变量i的值是通过**引用**而来的，这种关系大概如图20.2所示。

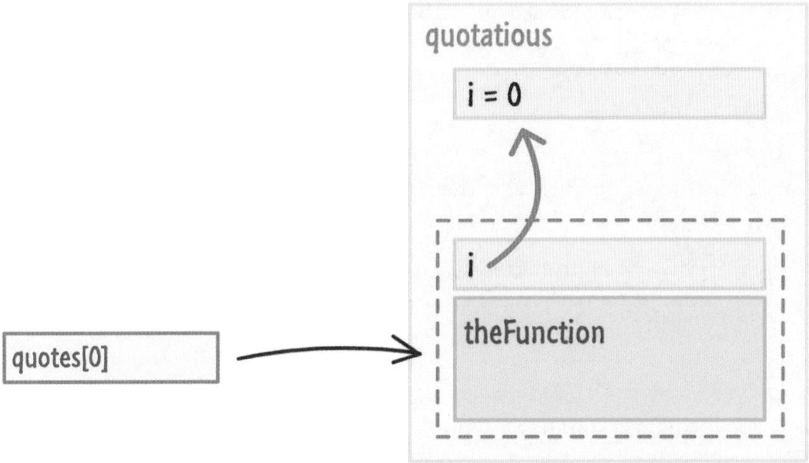

图 20.2

当这个值是引用而来的时候，关于闭包内储存了哪些值的问题就复杂化了

由于变量i的值是引用而来的，所以在for循环每一次迭代后i的值就会+1。这并不是我们想要的。我们想要的是当变量i被创建时，每一次运行函数都能在quotes列表中的函数储存着每一个i的值。在for循环运行完毕后，i的值已经变成了**4**。

图20.3所展示的正是代码运行时的情况。

因为i的值为**4**，比names列表的元素数量还要多，所以在执行names[4]的时候得到的结果是**undefined**：

```
function quotatious(names) {
    var quotes = [];

    for (var i = 0; i < names.length; i++) {

        var theFunction = function() {
            return "My name is " + names[i] + "!";
        }

        quotes.push(theFunction);
```

```
    }
    return quotes;
}
```

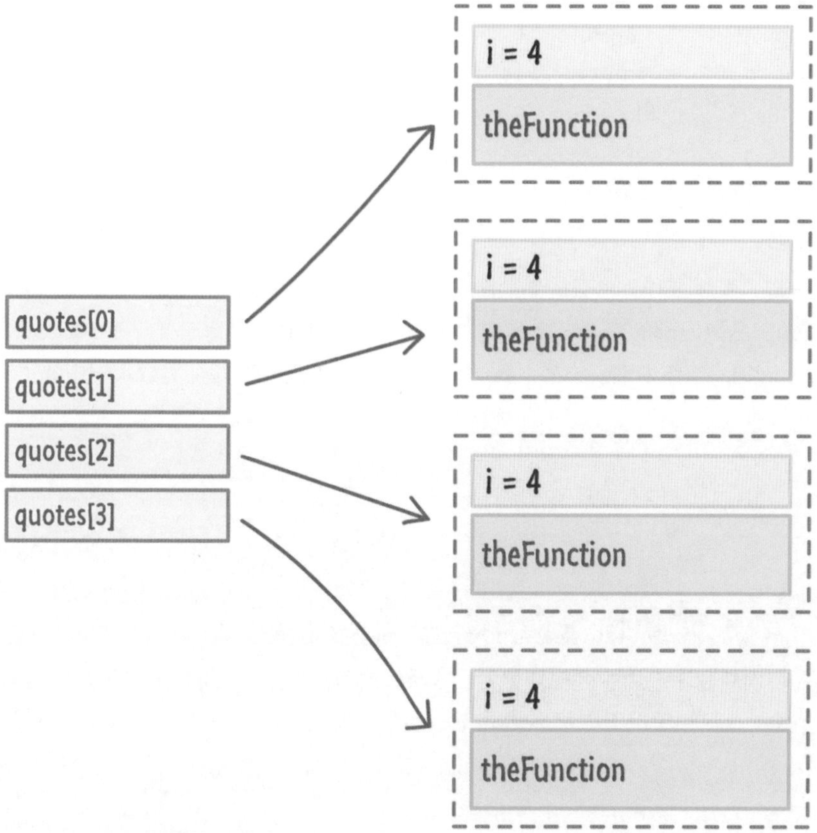

图 20.3

这就是为什么代码不能得到我们想要的结果

到了这里，我们就大概理解了代码的真正含义，以及为什么代码无法执行出我们想要的结果。那么解决办法就是要将这个惹事的外部变量i锁定到闭包内。你猜得没错，在这里我们需要借助IIFE。

以下是对quotatious函数的修改版，让这段代码实现我们想要的功能：

```
function quotatious(names) {
    var quotes = [];
```

```
        for (var i = 0; i < names.length; i++) {
            (function(index) {
                var theFunction = function() {
                    return "My name is " + names[index] + "!";
                }
                quotes.push(theFunction);
            })(i);
        }
        return quotes;
    }
```

注意，变量i是作为IIFE的参数输入的。这个参数被变量index引用到IIFE内部，于是变量i成为了函数内部的变量，之前作为外部变量的i被锁定了！这样一来quotes列表就可以将每一个i的值作为索引位置，我们不会再因为索引外部变量而导致代码中断了。真是太棒了！

有时候我们需要的恰恰是引用外部函数！

其实并非每次只要闭包内的外部变量发生变化时就要用IIFE。有的时候我们恰好正是要用外部变量最新的值，在这种情况下，就不要用IIFE来锁定值了。

创建保密内容

在JavaScript中，我们并没有一个简单、内置好的办法来隐藏创建好的变量和属性。这意味着让你的一部分代码对另一部分代码进行隐藏是很困难的。所以，为了解决这一问题，在前面的内容花了大量的时间。

我们来看一看下面这个例子：

```
var weakSauce = {
```

```
        secretCode: "Zorb!",

        checkCode: function (code) {
            if (this.secretCode == code) {
                alert("You are awesome!");
            } else {
                alert("Try again!");
            }
        }
    };
```

我们创建了一个叫做weakSauce的对象，这个对象有两个属性，它们分别是secret-Code和checkCode。这是一个非常简单的密码验证器。当你把密码输入到这个函数时，如果你的密码与secretCode的值匹配，那么你会看到对话框里显示you are awesome! 如果不匹配，就会显示Try again!。

这就是代码中的隐私部分需要起作用的地方。首先没有什么东西能够阻止你、我或其他人直接检查这个secretCode的值：

```
var bar = Object.create(weakSauce);
alert(bar.secretCode); // 唉…… :(
```

这可不是我们在创建secretCode属性时的初衷。并不是说secretCode这个属性名不副实。这个secretCode是代码实施细节的一部分，你会想随时进行更改。secretCode函数是你想让人们使用的部分，而任何其他变量和属性也可以随时进行更改。如果其他代码片段过于依赖secretCode，那么更改的代码就会被中断执行。所以这就是为什么将部分内容进行加密是如此重要。这就是为什么secretCode属性需要对weakSauce对象以外的代码进行隐藏。在其他的编程语言中，我们可以直接添加一个访问修改器，比如给secretCode加一个private。而JavaScript则不行，我们必须要用到某个方法来解决这一问题，这个方法就是之前所讲的立即执行函数表达式。

利用IIFE所创造的局部作用域，我们可以有选择性地公开或者不公开代码的内容。以下是对之前一段代码的修改版本，经过修改，这段代码能够实现我们所需要的功能：

```
var awesomeSauce = (function () {
    var secretCode = "Zorb!";

    function privateCheckCode(code) {
```

```
        if (secretCode == code) {
            alert("You are awesome!");
        } else {
            alert("Try again!");
        }
    }

    // 我们想要返回的公开的方法
    return {
        checkCode: privateCheckCode
    };
})();
```

这次我们再用awesomeSauce来查看内容：

```
var foo = Object.create(awesomeSauce);
alert(foo.secretCode); // undefined
```

这一次我们无法访问secretCode。原因是secretCode内容被隐藏在IIFE中，无法公开地进行访问。事实上，唯一公开的内容是以下高亮的部分：

```
var awesomeSauce = (function () {
    var secretCode = "Zorb!";

    function privateCheckCode(code) {
        if (secretCode == code) {
            alert("You are awesome!");
        } else {
            alert("Try again!");
        }
    }

    // 我们想要返回的公开的方法
    return {
        checkCode: privateCheckCode
    };
})();
```

记住，你的 JAVASCRIPT 就是一本公开的笔记本！

尽管我们刚才学会了将代码进行隐藏的方法，但是这只是针对部分代码的办法。和其他编程语言不一样，JavaScript的源是可以访问的，即使采用模糊处理或其他技巧，如果你能够通过浏览器看到代码，那么其他人也可以看到代码。

比如说，用谷歌Chrome浏览器的开发者工具，就可以轻易地看到checkCode所储存的闭包以及变量secretCode的值。

所以我建议：不要用客户方的JavaScript来处理一些需要保密的内容，而是跟所有人一样用服务器方提供的保密环境来完成一些保密的内容。服务器只会将你想要公开的内容返回给JavaScript。

通过返回一个包含checkCode属性（这个属性被privateCheckCode函数所引用，而这个函数正好形成一个闭包）的对象，就得到了我们想要的功能。

我们所展示的这些内容有一个非常正式的名称，叫做揭示模块模式。在网站上有许多关于这个内容的好文章，大家可以自行搜索学习。

本章小结

IIFE（**“立即执行函数表达式”**的缩写）是JavaScript中的一个绝妙设计，它在我们的编程中扮演着十分有用的角色。我们需要学习IIFE的主要原因是JavaScript缺乏隐私，尤其是在处理愈加庞大且复杂的JavaScript应用时更为麻烦，因为这意味着更庞大且复杂的闭包。于是乎IIFE所创建的局部作用域就成了解决这问题的终极方法。不过在使用这一终极方法的时候一定要仔细小心。

本章内容

- 了解 JavaScript 是如何与网页的其他部分进行交互的
- 了解什么是文档对象类型（DOM）
- 找到 HTML、CSS 与 JavaScript 之间的模糊边界

21

JavaScript、浏览器和DOM

目前为止，我们基本上是把JavaScript单独拎出来讲的，也了解了很多关于JavaScript的基本功能，但是很少介绍它和现实世界是如何联系起来的——这个现实世界以浏览器为代表，游弋着HTML的标签和CSS的样式。本章将会作为一个介绍性的章节对“现实世界”进行介绍，而在后面的章节我们会由浅入深地了解这个现实世界。

在下面的小节中，你将学到神秘的数据结构及编程界面，也就是所谓的**文档对象类型**（DOM）。你会学到什么是DOM，它有什么作用，以及它是如何与你所要做的一切联系起来的。

那我们就开始吧！

HTML、CSS 以及 JavaScript 各自的功能

在深入学习DOM之前，我们要快速回顾一些基础的知识。首先，在我们的HTML文件中通常都是HTML、CSS以及JavaScript代码。这三种代码是共同建立起网页内容的平等合作伙伴：

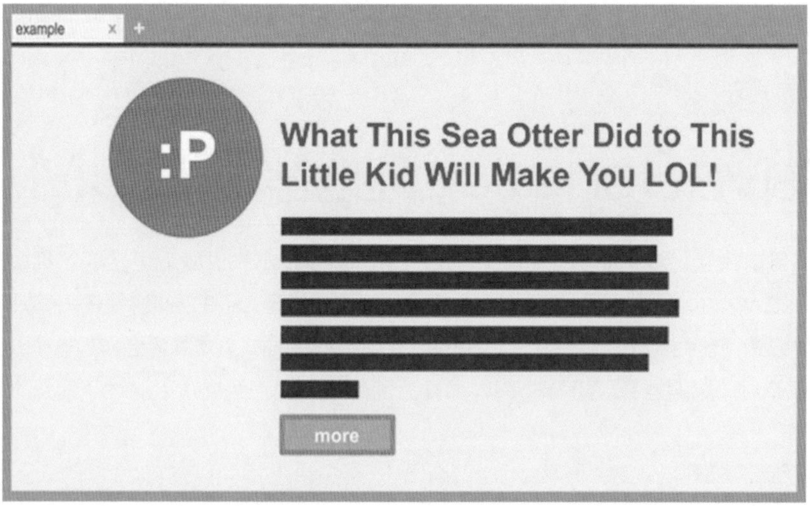

三种代码有其各自的职责，所履行的职能也各不相同。

HTML 用于确定结构

HTML代码用于定义网页的结构，一般包含我们所能看到的内容：

```
<!DOCTYPE html>
<html>

<head>
```

```
    <meta content="sea otter, kid, stuff" name="keywords">
    <meta content="Sometimes, sea otters are awesome!"
      name="description">
    <title>Example</title>

    <link href="foo.css" rel="stylesheet" />
</head>

<body>
    <div id="container">
        <img src="seaOtter.png" />

        <h1>What This Sea Otter Did to This Little
          Kid Will Make You LOL!</h1>

        <p class="bodyText">
            Nulla tristique, justo eget semper viverra,
            massa arcu congue tortor, ut vehicula urna mi
            in lorem. Quisque aliquam molestie dui, at tempor
            turpis porttitor nec. Aenean id interdum urna.
            Curabitur mi ligula, hendrerit at semper sed,
            feugiat a nisi.
        <p>

        <div class="submitButton">
            more
        </div>
    </div>
    <script src="stuff.js"></script>
</body>
</html>
```

HTML就像《恶搞之家》里的女儿梅格一样，非常无聊。如果你不知道她是谁，也懒得去百度，你可以看看图21.1是她的真实写照。

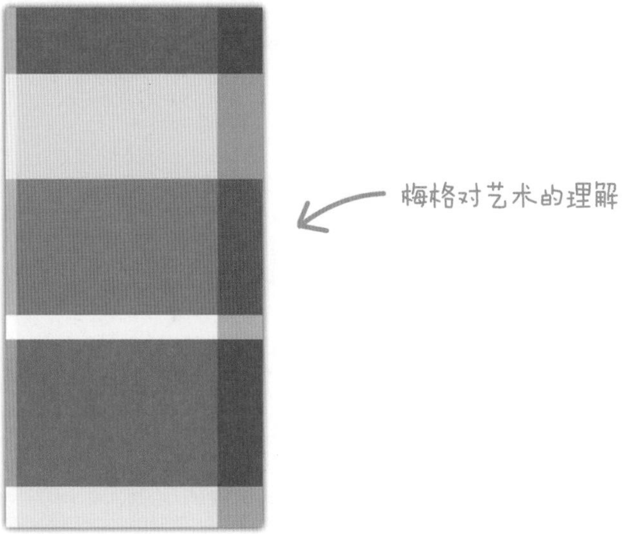

图 21.1
梅格眼中的艺术

无论如何，也不希望你的HTML文件做得如此无聊。为了将平平无奇的内容变得有趣，你需要借助CSS。

点缀我的世界吧，CSS!

CSS是主要的样式语言，它能让你的HTML元素更具有美学和结构上的吸引力：

```
body {
    font-family: "Arial";
    background-color: #CCCFFF;
}
#container {
    margin-left: 30%;
}
#container img {
    padding: 20px;
}
#container h1 {
    font-size: 56px;
```

```
    font-weight: 500;
}
#container p.bodyText {
    font-size: 16px;
    line-height: 24px;
}
.submitButton {
    display: inline-block;
    border: 5px solid #669900;
    background-color: #7BB700;
    padding: 10px;
    width: 150px;
    font-weight: 800;
}
```

在绝大多数情况下，我们通过HTML和CSS就可以创建出好看且功能齐全的网页，这个网页有着结构和框架、导航、甚至mouseover等简单互动内容。真是棒极了。

轮到 JavaScript 了！

尽管HTML和CSS能够实现很多功能，但在互动性上依然有其局限性。人们希望的不仅只是被动地坐着浏览网页，他们想要让自己的网页实现更多功能，比如说帮他们播放媒体，能记住是从哪开始中断播放，并且能够做到响应鼠标点击和键盘输入甚至是手指的按压，能够使用精美的菜单，看一些绚丽多彩的程序动画，让网页和网络摄像机、麦克风互动，任何操作都不需要重新加载网页，诸如此类。

于是乎网页开发者和设计者（也就是在下），会去寻求一种能够满足这些功能的网页开发方式。

为了弥补HTML和CSS所不能满足的功能，我们有了像Java和Flash等第三方的元素，知道最近趋势才有所改变，这背后技术层面的原因，也有政治层面的原因，但最主要的是JavaScript并没有做好准备，无论是核心语言还是浏览器支持上都不够完善。

不过现在已经不存在这种问题了，JavaScript现在已经具备提供互动性功能的能力了。有了DOM，JavaScript就能够实现这些功能。

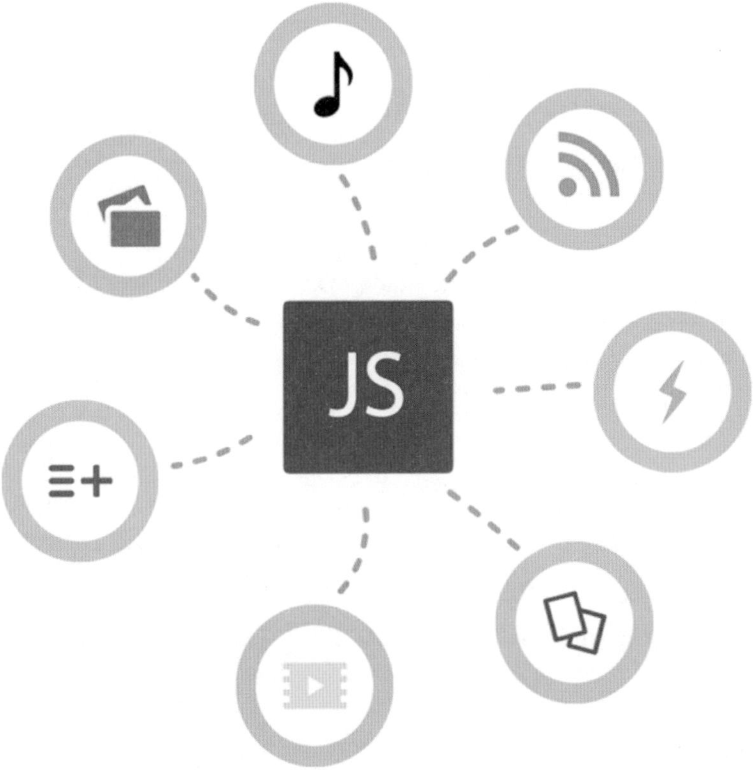

认识文档对象模型

你的浏览器所显示的是一个网页文件。更具体地说，从刚才总结的内容来讲，浏览器所显示的是HTML、CSS以及JavaScript共同运行后所产生的内容。再进一步来说，在代码的背后是一个多级的构架，这种结构让你的浏览器能够理解你的代码。

这样的结构就是所谓的文档对象模型。一般我们直接简写为DOM。图21.1展示的是关于前面两段代码的DOM结构示意图。除去这张图里的内容，还有许多内容可以普遍地被运用到所有DOM结构中。DOM结构实际上远不止有HTML的元素，用一个更上层的概念来说，所有组成DOM结构的东西都被称作**节点**。

这些节点可以是HTML元素、属性、文本内容、注释、与文件相关的内容以及各种你想不到的东西。节点所涵盖内容的范围十分重要，当然这种重要性并不是针对我们这些开发和设计网页的人员。关于节点的内容只需要关心HTML元素类，因为我们99%的时间都花费在这上面。从技术层面来讲，在我们以元素为中心的视角来看，节点扮演着非常重要的角色。

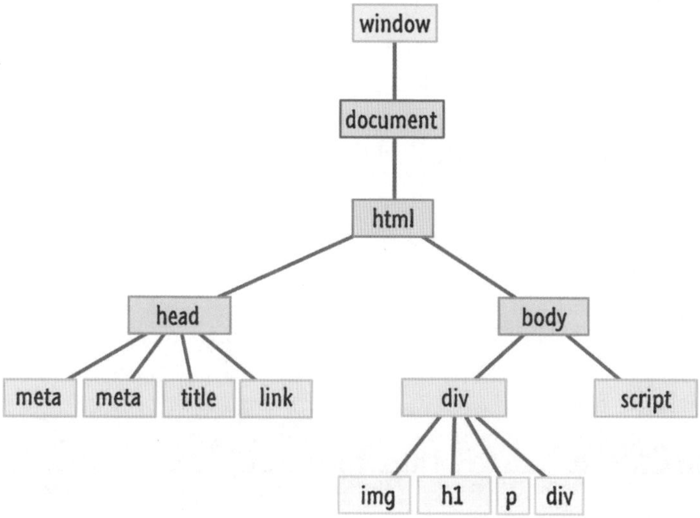

图 21.2

之前看到的 HTML 代码的 DOM 示意图

每一个HTML元素都有一个与之相关联的特定类型，所有这些类型都是由组成所有节点的Node库扩展而来：

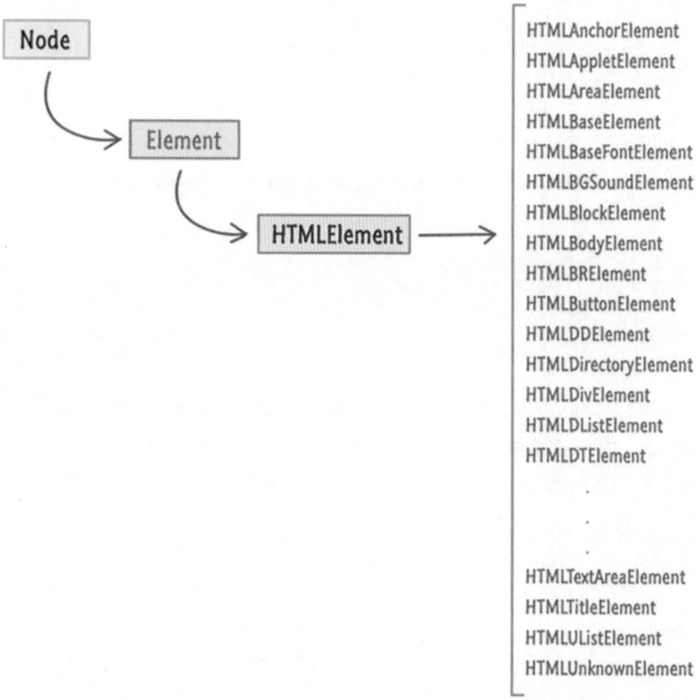

这一条节点链以**Node**为起点，连接所有元素和HTML元素，最后才是具体的每一个HTML元素（如div、heading等等）。那些操控HTML元素的属性和方法也是这一个链条的一部分。

在我们使用DOM修饰HTML元素的路上还有两个障碍，这两个障碍就是两个特殊的对象。

Window 对象

在浏览器中，DOM结构的根节点就是window对象，这个window对象包含许多作用于浏览器的属性和方法：

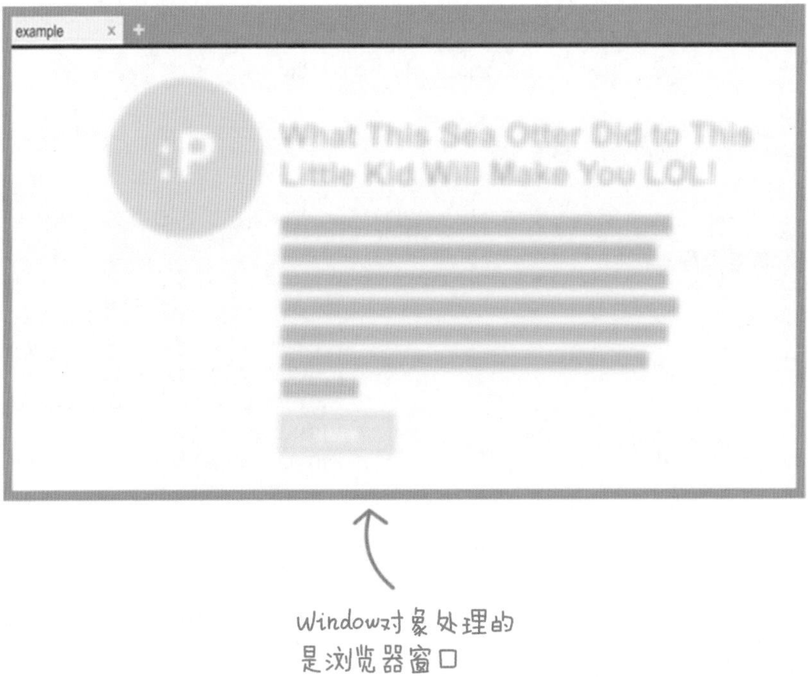

通过window对象，我们可以实现许多功能，例如访问当前URL，获取页面任何一帧的信息，使用本地存储，查看屏幕信息，滑动滚动条，设置状态栏文字以及各种能够作用在页面显示的容器的功能。

Document 对象

现在轮到document对象了。document对象是我们需要重点了解的内容：

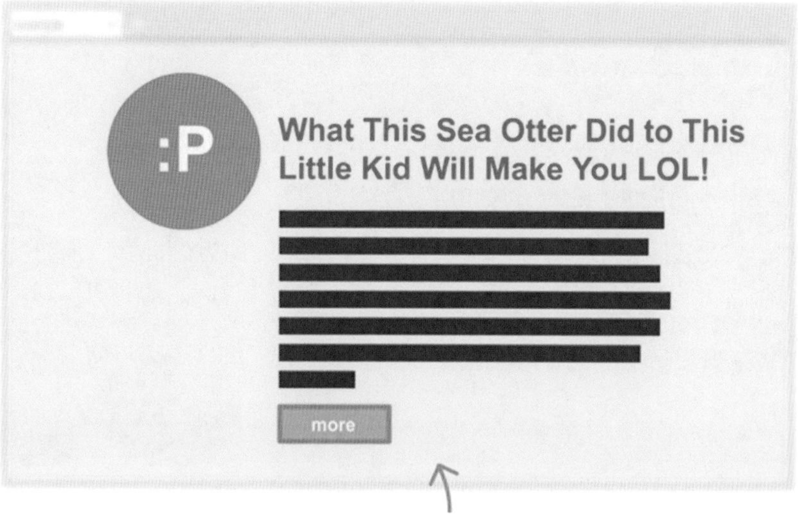

document对象处理的是文件中的所有内容

document对象是通往构成网页的HTML元素的大门。需要记住的是document对象并非只能访问HTML只读文件，我们可以通过document对象对HTML文件进行读取和编辑。了解这一点有助于理解后面章节的内容。

通过JavaScript对DOM进行的修改都会反映在浏览器中，这意味着你可以动态地添加、移除和移动元素，调整属性，设置内联的CSS样式，以及执行各种其他命令。除了基本的在HTML内用script标签来运行一些JavaScript代码外，还可以构建一个完全只有JavaScript代码的功能齐全的网页。如果使用得当，这将会是一个强大的特性。

document对象的另外一个重要内容与事件有关。我们简单地说一下，如果你想对鼠标单击/停留、勾选复选框、检测密码是否已输入等进行交互，需要用到document对象提供的监听事件以及对事件进行反应的功能。

关于DOM还有一些更强大的功能，我们在之后的内容再重点讲解。

本章小结

DOM是HTML文件中最重要的一部分内容，它架起了JavaScript和HTML、CSS之间原本缺失的桥梁，还给浏览器提供了更高一级的访问。

现在，了解DOM是什么只是有趣的一部分，学会使用DOM的功能与网页文件进行互动则是更有趣的另一部分。所以准备好了的话，就翻到下一章，我们会更加深入地学习DOM。

本章内容

- 学习如何在 DOM 寻找元素
- 使用 CSS 选择器更加智能地寻找元素

22

在DOM中寻找元素

正如前一章所介绍的，DOM结构就是一个由各种HTML文件元素构成的树状结构图：

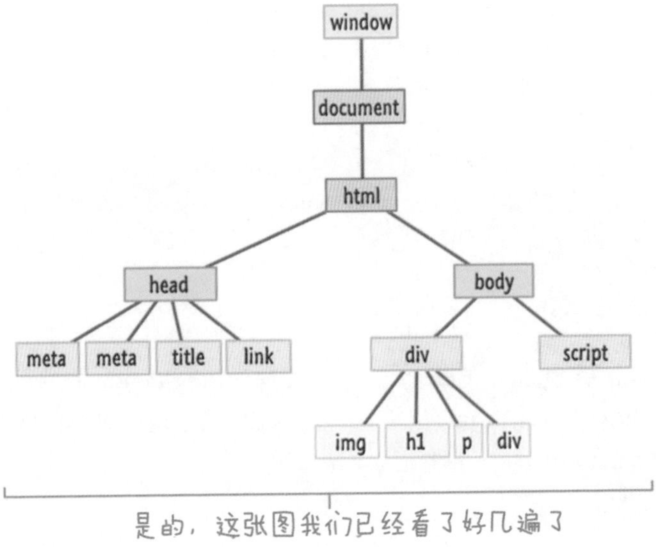

这一点非常重要，因为需要让HTML元素放在你能够进行访问、读取和修改的位置。毕竟这些元素是以树状结构排列的，要说计算机科学家们最喜欢做的事情，就是用疯狂的方法在树上爬来爬去找东西。

我暂时不会让你经受这种折磨。在本章，我们会学到两个内置函数来解决DOM的搜索问题，这两个函数分别是querySelector 和querySelectorAll。

那我们就开始吧！

认识 querySelector 家族

在介绍querySelector和querySelectorAll之前，我们先看下面这段HTML代码：

```
<div id="main">
    <div class="pictureContainer">
        <img class="theImage" src="smiley.png" height="300"
          width="150" />
    </div>
    <div class="pictureContainer">
        <img class="theImage" src="tongue.png" height="300"
          width="150" />
    </div>
    <div class="pictureContainer">
        <img class="theImage" src="meh.png" height="300"
          width="150" />
    </div>
    <div class="pictureContainer">
        <img class="theImage" src="sad.png" height="300"
          width="150" />
    </div>
</div>
```

在这个例子中，div的id是**main**，下面有四个div和img，它们的类值分别是**picture-Container**和**theImage**。接下来的内容，我们会在这个HTML上用到querySelector和querySelectorAll 函数，看看会发生什么。

querySelector

querySelector 函数的使用方法大概如下：

```
var element = document.querySelector("CSS selector");
```

querySelector函数带有一个参数，这个参数是一个CSS选择器，用于搜寻所要寻找的元素。querySelector函数返回的值是匹配参数的第一个元素，即使可能存在有多个元素。所以这个函数非常死板。

用之前的HTML代码作为例子，如果我们要访问id为main的div，我们需要这样书写代码：

```
var element = document.querySelector("#main");
```

由于id是**main**，选择器的语法应为be #main。类似地，如果我们要指定选择器为**pictureContaine**r类：

```
var element = document.querySelector(".pictureContainer");
```

最终返回的值是第一个类值为pictureContainer的div。其他类值为**pictureContainer**的div会被忽略。

在JavaScript中选择器的语法和CSS的一样，你在样式表和样式区域内使用的语法都适用 。

querySelectorAll

querySelectorAll 函数会返回所有与选择器匹配的元素：

```
var element = document.querySelectorAll("CSS selector");
```

除了返回元素的数量，querySelectorAll的其他功能与querySelector没有什么区别。这个重要的细节会改变我们实际使用querySelectorAll的方式，因为这个函数返回的并不是一个元素，而是一个像列表一样的元素容器。

我们继续使用之前的HTML代码，如果要用querySelectorAll来搜索类值**theimage**的src属性的所有img：

```
var images = document.querySelectorAll(".theImage");

for (var i = 0; i < images.length; i++) {
```

```
        var image = images[i];
        alert(image.getAttribute("src"));
    }
```

看到了吧？非常简洁明了。不过要记得如何使用列表（见**第13章 当原始类型执行对象类型的操作**）。代码中有一个getAttribute 函数，如果你对这个函数如何读取元素的值不熟悉，那么不用担心，我们会在接下来的内容进行讲解。

这些实际上都是 CSS 选择器的语法

令我感到惊讶的是，当我第一次用querySelector和querySelectorAll函数时，这两个函数的参数是以CSS选择器语法的所有变体作为参数的。所以我们可以把这些代码做的更复杂一些。

如果你要寻找所有img元素，且不指定类值，那么在调用querySelectorAll时应该这么写：

```
var images = document.querySelectorAll("img");
```

如果你想要定位一个src属性的图片是否为**meh.png**，你可以按以下方法操作：

```
var images = document.querySelectorAll("img[src='meh.png']");
```

注意我只指定了一个**属性选择器**作为querySelectorAll1的参数。在CSS文件中你能指定的参数表达式有多复杂，在querySelector或querySelectorAll所能指定的参数就可以有多复杂。

有一些注意事项：

- 不是所有的伪类都可以作为参数。由:visited或:link构成的选择器会被忽略且不会找到任何元素。
- 选择器的疯狂程度由浏览器对CSS的支持决定。IE8支持querySelector和querySelectorAll，但不支持CSS3。在这种情况下，在IE8中使用querySelector和querySelectorAll时，如果里面包含比CSS2更新的内容，将无法找到元素。不过这种情况多半不会发生到我们身上，因为我们现在用的浏览器版本肯定比IE8要新。
- 你所指定的选择器只适用于开始元素的子元素，开始元素本身是不被包括进搜索范围的。但也不是所有的调用querySelector和querySelectorAll都需要从document开始。

本章小结

querySelector和querySelectorAll函数在复杂的文件中寻找某个元素时非常有用，尤其是在元素不能直接寻找时。通过完善的CSS选择器语法，我们可以进行既广泛又细致的元素搜索。如果我想要所有的image元素，只要写上querySelectorAll("img")。如果我想要指定div元素下的img元素，可以写querySelector("div + img")。这样一来就很完美了。

在结束之前，说一些题外话。我们现在不再使用getElementById、getElementsByTag-Name、getElementsByClassName函数来进行元素搜索，querySelector和querySelector-All函数将会是现在以及未来搜索DOM元素的方法，所以不用再考虑getElement函数了。目前，querySelector和querySelectorAll唯一的缺点就是效率问题，getElementById函数相比而言搜索速度更快。

不过正如一位智者所说：人生苦短，没有时间学习JavaScript过时的函数……尽管这些老气的函数效率更快。

23

本章内容

- 学会使用 JavaScript 修改 DOM
- 认识 HTML 元素
- 学会修改属性

修改DOM元素

到这一章，你已经大致了解了DOM是什么，并且学会用querySelector和querySelectorAll来寻找DOM元素。接下来我们就要学习如何修改找到的DOM元素。修改元素相对来说更有趣，就像手里有一大团面粉，拿来捣腾一番才有意思！

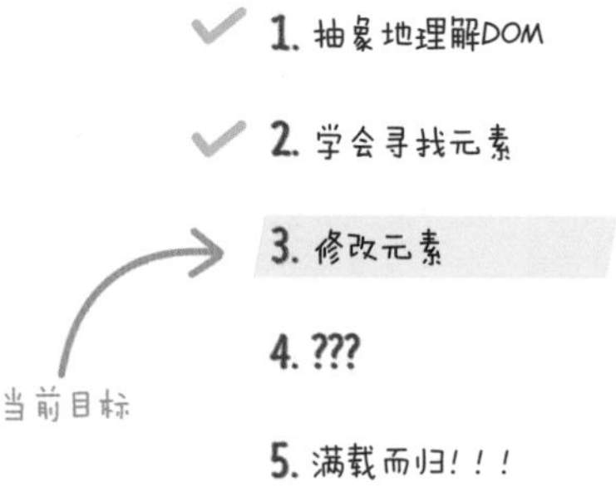
1. 抽象地理解DOM
2. 学会寻找元素
3. 修改元素
4. ???
5. 满载而归！！！
当前目标

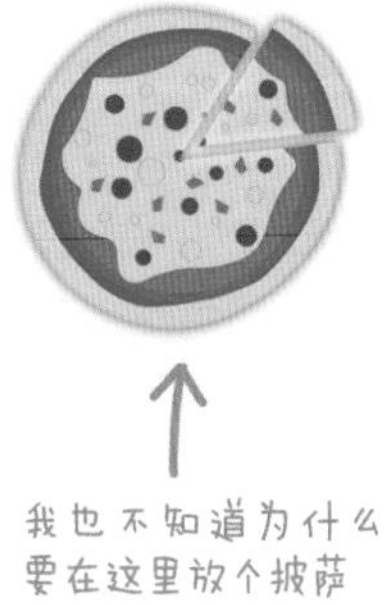
我也不知道为什么
要在这里放个披萨

当然，不只是趣味的问题，在实际操作中我们本来就要经常修改DOM元素。无论使用JavaScript来修改元素文本、更改图像、将元素从文档中的一个位置换到另一个位置、设置内联样式，都会需要更改DOM。这一章节我们将教会你关于修改DOM的基本操作。

那我们就开始吧！

DOM 元素是一种类似于对象的存在

之所以能够通过JavaScript来修改浏览器显示的内容，主要是因为HTML的每一个标签、样式规则以及其他元素都在DOM上有其对应的条目。

我们假设有一个在标签中定义的图像元素，将这段代码按照上述内容进行可视化以后，如图23.1所示。

```
<img src="images/lol_panda.png" alt="Sneezing Panda!"
width="250"
  height="100" />
```

当浏览器解析文件，读取到以上代码时，就会创建一个DOM节点来代表这个元素。

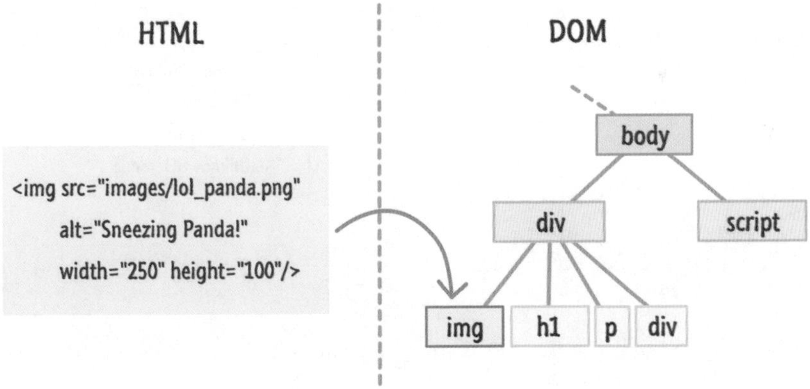

图 23.1

DOM 在适当的位置储存图像元素的条目

这种DOM元素的表示能够让你对标记进行任何操作。这样一来，相比使用普通的旧标记本身，这些DOM元素的表示能够实现更多操作。这样的操作在接下来的学习中会经常见到。以DOM的视角来看，你的HTML元素之所以如此灵活，是因为DOM元素与JavaScript的对象有许多相似之处。DOM元素包含各种可以获取/设置值的属性，并且可以调用方法，每一个DOM元素的功能可以通过Node、Element再到HTMLElement基本类型逐层继承，与对象的继承类似。

我们把之前看到过的DOM节点层级结构展示出来，如图23.2所示。

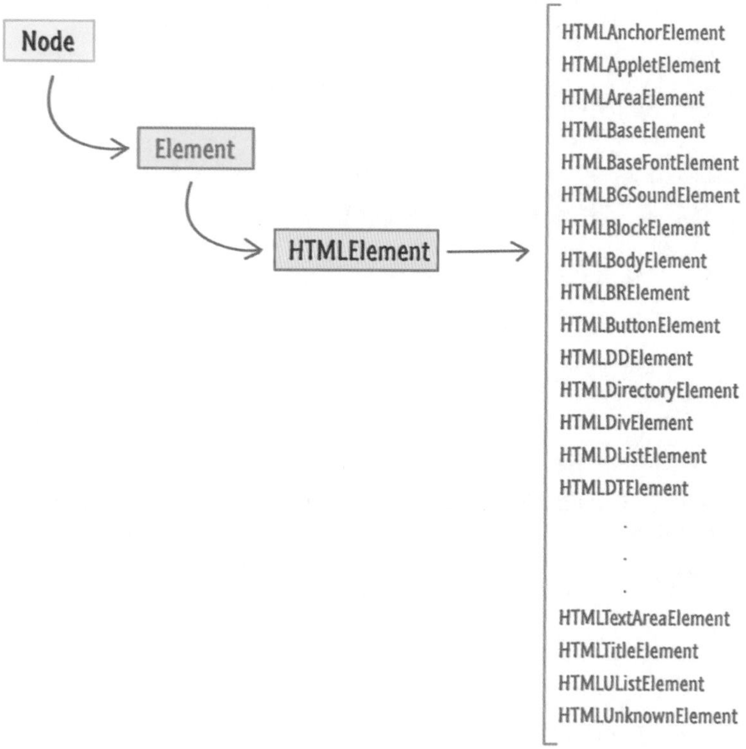

图 23.2

JavaScript 到哪儿都有层级，连 DOM 也不例外

这样看来DOM似乎更像是“乔装打扮”以后的对象。

尽管两者非常相似，但我还是要负责任地声明一下，DOM并不是为了模仿对象的工作机制而设计的。当然在对象中可以进行的操作也能在DOM上进行，但这是浏览器供应商们提供的功能。

W3C做出这样的设定并不是说DOM的操作应该像普通的对象一样。如果你想要扩展DOM元素的功能，或者让它执行更先进的与对象相关的操作，请确保在所有浏览器上进行测试，保证能够正常运行，当然我自己是不愿意以失眠为代价去考虑这些问题。

解决完上面的问题，我们现在就开始学习如何修改DOM吧。

开始修改 DOM 元素

虽然你可以靠着椅子被动地学习，但是关于修改DOM元素的知识要通过案例来学习才有意思。如果你想跟着我的步伐来学习，将会用下面这段HTML作为学习这个技能的沙盒：

```
<!DOCTYPE html>
<html>

<head>

  <title>Hello...</title>

  <style>
    .highlight {
      font-family: "Arial";
      padding: 30px;
    }

    .summer {
      font-size: 64px;
      color: #0099FF;
    }
  </style>

</head>

<body>

  <h1 id="theTitle" class="highlight summer">What's
happening?</h1>

  <script>
  </script>
</body>

</html>
```

将这段代码放到HTML文件中，在浏览器上进行预览，你会得到下图所示的一行英文：

这段代码要点并不多，最主要的片段在于h1标记显示文本：

```
<h1 id="theTitle" class="highlight summer">What's happening?</
h1>
```

现在转到DOM视角，图23.3展示了这段代码的所有HTML元素（当然还包括document和window）在DOM中的结构。

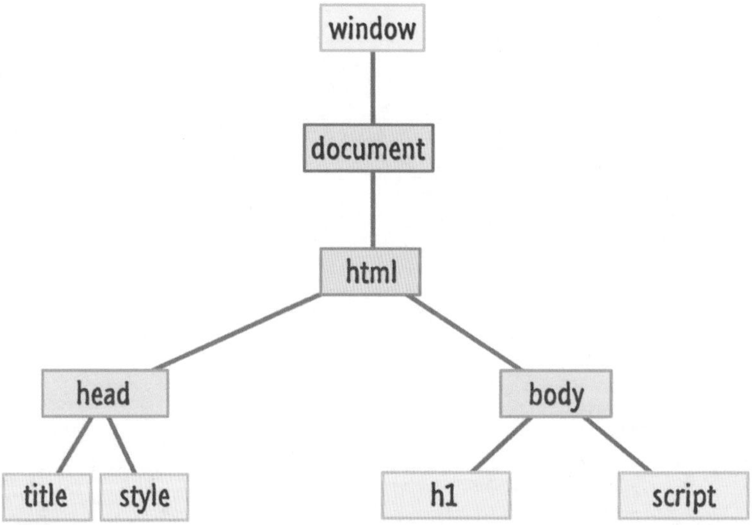

图 23.3

代码中的标记在 DOM 结构上的示意图

接下来的内容我们会看到关于修改DOM元素的一般操作。

更改元素的文本内容

先从简单的开始。许多HTML元素都可以用于显示文字，例如标题、段落、内容、输入、按钮等元素。它们有一个共同点，就是在更改文本内容的时候都需要用到textContent属性。

比如，我们想更改之前那段代码的h1元素文本，下面这段代码展示了如何对文本进行修改：

```
<body>
    <h1 id="theTitle" class="highlight summer">What's
happening?</h1>

    <script>
        var title = document.querySelector("#theTitle");
        title.textContent = "Oppa Gangnam Style!";
    </script>
</body>
```

更改以后，将这段代码放到浏览器中预览，我们会看到对话框中显示Oppa Gangnam Style! 。

我们看一下这个更改是如何实现的，首先要更改某个HTML元素就要先在JavaScript中引用这个元素。

```
var title = document.querySelector("#theTitle");
```

于是乎就要请到我们的老朋友querySelector和querySelectorAll了。当然，在后面我们会提到一种间接引用元素的方法。而现在用的这种直接的引用方式，是在我们知道需要制定某个或某些具体的元素的时候使用的。

一旦该元素被指定，就要使用上textContent属性：

```
title.textContent = "Oppa Gangnam Style!";
```

textContent属性可以读取任何变量来展示当前的值，也可以用来将这个变量的值进行更改，在这里我们用textContent属性将值改为Oppa Gangnam Style!。运行这一行代码后，原来的标记值What's happening?就会被取缔了。

属性值

HTML元素之间互相区分的一个主要方法是通过属性和属性中储存的值。举例来说，以下三个img元素的不同主要是因为它们的src 和alt属性不同：

```
<img src="images/lol_panda.png" alt="Sneezing Panda!"/>
<img src="images/cat_cardboard.png" alt="Cat sliding into
```

```
box!"/>
<img src="images/dog_tail.png" alt="Dog chasing its tail!"/>
```

每一个HTML属性（包括自定义data-*属性）都可以通过JavaScript进行访问。为了辅助我们对HTML属性进行操作，可以使用getAttribute和setAttribute方法来显示元素的属性。

getAttribute方法能够让你指定某个元素上的属性的名字。如果这个属性能够被找到，getAttribute会返回这个属性的值。我们看下面这个例子：

```
<body>
    <h1 id="theTitle" class="highlight summer">What's
happening?</h1>


    <script>
        var title = document.querySelector("h1");
        alert(title.getAttribute("id"));
    </script>
</body>
```

这段代码中，我们获取h1元素的id属性值。如果你指定的属性不存在，最终会返回一个**null**。与获取属性值相对的，就是设置属性值。要设置属性值，需要使用setAttribute方法，在需要进行更改的元素上调用setAttribute并指定属性名称以及属性值。

以下是setAttribute 的一个例子：

```
<body>
    <h1 id="theTitle" class="highlight summer">What's
happening?</h1>


    <script>
        document.body.setAttribute("class", "bar foo");
    </script>
</body>
```

我们将body元素上的class属性更改为**bar foo**。当然，setAttribute函数并没有任何验证值的有效性的操作，所以你设置的值并不一定是有效的。你完全可以把代码写成下面这段代码所显示的样子，只是显得有点傻：

```
<body>
```

```
    <h1 id="theTitle" class="highlight summer">What's 
happening?</h1>

     <script>
        document.body.setAttribute("src", "http://www.kirupa.
com");
    </script>
</body>
```

body元素并不包含src属性，但是你可以指定一个src属性。运行代码以后，你的body元素也会包含这个属性……只是有点别扭。

继续讲解之前我需要声明一下，之前关于setAttribute和getAttribute函数的例子中，选用了id属性和class属性做示范。对于这两个属性而言，我们有另外一种办法来设置他们的值。由于id和class属性太常见了，HTML元素可以直接展示这两个元素的属性值:

```
<body>
    <h1 id="theTitle" class="highlight summer">What's 
happening?</h1>

    <script>
        var title = document.querySelector("h1");
        alert(title.id);

        document.body.className = "bar foo";
    </script>
</body>
```

在这个例子中的第6行和第8行，我并没有在id和className属性上使用getAttribute和setAttribute函数，但结果是一样的。唯一不同的是这种直接更改属性值的方法中没有用到上述的两个方法。

本章小结

在这个时候突然结束感觉有点突兀。尽管改变元素的文本内容和属性值是非常常用的修改方法，但是这并不意味着元素的修改只有这些内容。

在结尾处留下悬念，是因为操作DOM并使用元素属性和方法来完成的任务是我们将来要学习的重点。在后面的章节，你会看到许多与本章相关的内容。

本章的主要结论是，你所执行的DOM更改几乎都是采用以下两种形式中的一种：

- 设置属性
- 调用方法

你所看到的textContent、setAttribute和getAttribute方法都包含在这两种形式中，在以后的学习中我们还会学到更多与之类似的方法。

小贴士 在设置类值的方法中，除了用 className 以外，还可以用更好的 classList 属性，我们会在下一章讲到。

本章内容

- 学会通过 JavaScript 更改 CSS
- 理解直接设置样式和更改类值各自的优缺点
- 使用 classList 轻易地实现对类值的更改

24

设计样式

在前一章中我们讲到了如何用JavaScript修改DOM元素。除了DOM以外，让HTML元素脱颖而出的另一部分是它们的外观和样式。说到样式设计，最常见的方法是创建样式规则，并将选择器指定到某个或某些元素中。下面这段代码定义了一个样式规则：

```
.batman {
    width: 100px;
    height: 100px;
    background-color: #333;
}
```

将以上样式规则作用到某一个元素上：

```
<div class="batman"></div>
```

任意一张给定的网页，你都能看见许多样式规则华丽地交互重叠，呈现出样式设计。当然这不是用CSS设计样式的唯一方法，毕竟能够用多种方法解决同一个问题，才是HTML该有的样子。

除了内联的样式，我们还可以用其他方法修饰元素，那就是围绕JavaScript和DOM的CSS。基本上我们可以用JavaScript直接给元素设计样式，也可以用JavaScript添加或删除类型值，同样也能改变元素的样式。在本章你将学会如何使用这两种方法。

那我们就开始吧！

为什么要用 JavaScript 设计样式？

在继续讲解之前，我认为有必要先解释一下为什么要用JavaScript来改变元素的样式。一般来讲，当你使用样式规则或者内联样式的时候，在网页加载时样式也在加载，这正是一般情况下我们想要的操作。

但是有很多时候，尤其是网页内容设计中有大量互动内容时，你会希望样式能够根据用户的输入动态地加入样式，让这些代码在后台中运行等。在这些情况下，仅用CSS的样式，包括样式规则或内联样式并不能满足我们的需求。尽管像hover这样的伪选择器可以提供一些支持，但依然有其局限性。

实现这些功能的办法就是用JavaScript。JavaScript不仅能够设计互动样式，更重要的是，可以对整个网页进行样式设计。这种高度的自由能够突破CSS本身有限的样式设计能力。

“双法记”

正如之前所介绍的，我们用JavaScript对元素进行样式修改有两种方法，一种是直接设置元素的CSS属性，另一种方法是添加或删除类型值来影响采用或忽略样式规则。我们分别来详细讲解这两种方法的例子。

直接设置样式

每一个HTML元素都可以通过JavaScript的style对象进行访问。这个对象可以指定一个CSS属性并设置值。举个例子，下面这段代码是对id值为superman的HTML元素的背景色进行设置：

```
var myElement = document.querySelector("#superman");
myElement.style.backgroundColor = "#D93600";
```

要改变这一元素的样式，我们可以这么做：

```
var myElements = document.querySelectorAll(".bar");

for (var i = 0; i < myElements.length; i++) {
    myElements[i].style.opacity = 0;
}
```

总的来说，如果直接用JavaScript来对元素的样式进行修改，首先要对这个元素进行访问。在这里使用的是querySelector函数来实现访问。第二步是找到要更改的CSS属性并给定一个值。要记住，许多CSS的值都是字符串，还有一些值需要加上计量单位，如**px**和**em**，否则设定的值将无法被识别。

部分 CSS 属性名称的大小写问题

JavaScript对属性名称的有效性是非常严格的。大多数CSS属性的名称在JavaScript中都是有效的，可以直接原封不动地使用，但是有一些特殊情况需要记住。

如果CSS的属性名里有破折号，在写入JavaScript代码时要去掉，而且破折号后的单词首字母需要大写。比如background-color要变成backgroundColor；border-radius属性要写成borderRadius等。

还有一种情况，某些属性的名称在JavaScript中有重合，不能直接使用。其中一个例子就是CSS的float属性在CSS中是一个框架属性，而在JavaScript中它代表的是其他东西。像这种情况，我们要在这个属性名称前面加上前缀css，比如刚才的float要写成cssFloat。

使用 classList 添加或删除类

另外一种常用的设置元素样式的方法是对class属性添加或删除类值，比如说我们有一个div元素：

```
<div id="myDiv" class="bar foo zorb"> ... </div>
```

在这个标签里，我们可以看到这个元素中有一个class属性，属性值为**bar**、**foo**和**zorb**。在这一小节我们要学的就是用classList API（应用程序编程接口）简单地对类值进行操作。这个API使用起来非常简单，并且带有以下四个方法对类值进行更改：

- add
- remove
- toggle
- contains

这四个方法可以根据字面意思理解其功能，但是我们还是要详细地讲解一番，毕竟字数还是要凑一凑的嘛。

添加类值

要给元素添加类值，可以直接在classList上调用add方法。

```
var divElement = document.querySelector("#myDiv");
divElement.classList.add("baz");

alert(divElement.classList);
```

运行这行代码后，我们的div元素就会包含有以下四个类值：**bar**、**foo**、**zorb**以及**baz**。classList API会确保在类值与其他CSS从HTML中获取的其他内容之间保留有空格。

如果指定一个无效的类值，classList API会显示异常并且不会添加这个类值。如果用add方法添加一个已经存在的类值，代码不会显示异常，但是这个重复的类值也同样不会被添加。

删除类值

要删除类值，只需要在classList上调用remove方法：

```
var divElement = document.querySelector("#myDiv");
```

```
divElement.classList.remove("foo");

alert(divElement.classList);
```

运行代码后，类值**foo**就会被删除，只剩下**bar**和**zorb**。

交替增删类值

在设计样式的时候，经常会有这样的流程，首先我们检查元素的某个类值是否存在，如果存在，就删除这个类值；如果类值不在，就将这个类值添加到元素中。为了简化这一模式，我们的classList API提供了toggle方法：

```
var divElement = document.querySelector("#myDiv");
divElement.classList.toggle("foo"); // remove foo
divElement.classList.toggle("foo"); // add foo
divElement.classList.toggle("foo"); // remove foo

alert(divElement.classList);
```

使用toggle方法就可以在每次调用的时候添加或删除指定的类值。在我们的例子中，第一次调用toggle时删除了**foo**，第二次调用时添加了**foo**，第三次调用时删除了**foo**。

查看类值是否存在

最后看看contains方法:

```
var divElement = document.querySelector("#myDiv");

if (divElement.classList.contains("bar") == true) {
    // 下面随便写一段代码
}
```

这个方法可以检查指定类值是否存在于这个元素中，如果类值存在，会返回**true**值，若类值不存在，则返回**false**。

再进一步

如你所见，classList API提供了几乎所有关于添加、移除、检测的方法，而且使用起来非常简单。不过要注意我说的是“几乎”，所以还是有一些事情是classList API所不能实现的。关于API的所有功能，大家可以自行查阅相关的资料。

本章小结

关于用JavaScript来改变元素样式，我们现在已经学会了两种非常棒的方法。关于这两种方法的选择，如果你能够调整CSS，我建议你用classList添加和删除类值的方法，原因很简单，这种方法更好维护。在CSS的样式规则中添加和删除样式属性比在JavaScript中添加和删除几行代码要简单得多。

本章内容

- 学会游历 DOM 树
- 使用不同的 API 来移动元素和重置元素的父元素
- 寻找同级元素、父元素和子元素

25

DOM导航

你可能已经发现了，DOM结构就像一个棵大树，这棵大树的分枝上挂着元素。说得更技术性一点，DOM元素的层级排列决定了网页最终的显示效果。

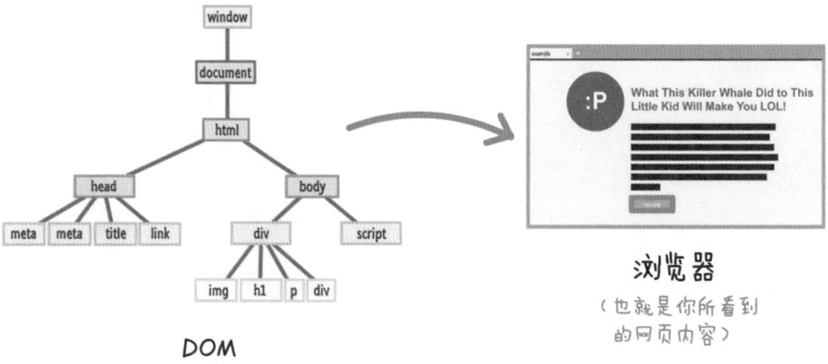

这个层级结构除了用于组织起所有HTML元素，还可以让浏览器弄清楚CSS的样式规则是将什么样式添加在哪个元素中。从JavaScript的角度来看，这个层级结构有点太复杂，本章的内容也从这个角度来切入。为了让大家能够轻易地在DOM这棵大树上的各个枝丫上游走（就像猴子一样），DOM提供了大量的属性，可以结合过去所学的方法来实现我们的需要。这一章节我们将对此展开详细地讲解。

那我们就开始吧！

从哪开始

在开始寻找元素并进行操作以前，我们先要知道元素都放在哪里。最简单的办法是先从DOM树的最顶层往下找，这也正是我们要用到的方法。

DOM的最顶层由window、document以及html三个元素组成。

在前面的章节中我们已经认识了这三个属性，所以快速跳过这些内容。由于这三个元素非常重要，DOM提供了window、document和document.documentElement三种方法对这三个元素进行访问：

```
var windowObject = window; // 嗯……
var documentObject = document;  // 这样写其实不是很有必要
var htmlElement = document.documentElement;
```

需要注意的是，window和document都是全局作用域的属性，我们完全不需要像刚才那样进行声明，直接使用就可以了。

从最顶层继续往下走，会发现DOM开始出现枝丫，这个时候我们会有几种方式进行导航。一种方法是前几章见到过的querySelector和querySelectorAll方法，这两种方法可以精确地找到某个（些）属性。不过在实际操作中，这两个方法太有局限性。

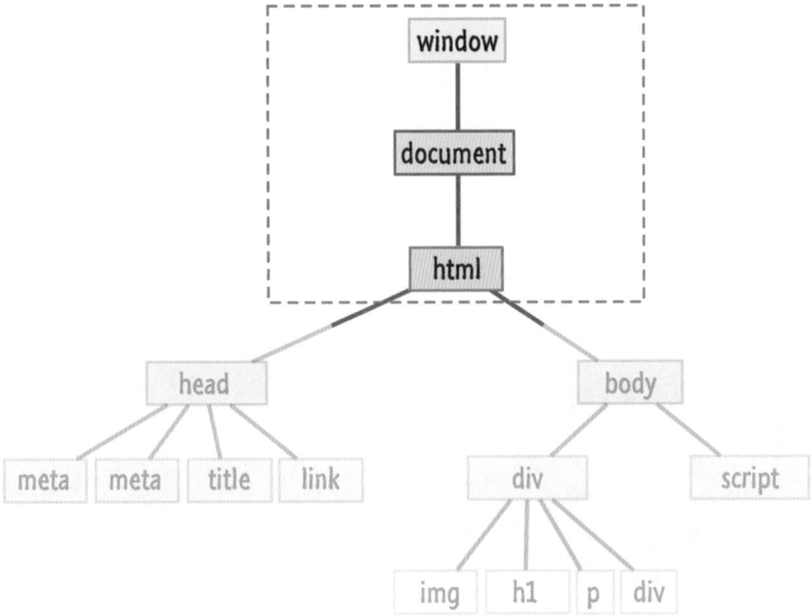

有些时候你并不知道需要找哪一个元素，在这种时候querySelector和querySelector方法并不能帮到你。有时候你会像一只无头苍蝇一样，希望能随缘碰上要找的元素。在DOM导航的时候我们经常会处在这种情况中。不过这正是DOM提供的内置属性所能解决的问题，接下来我们就要讲一讲这些内置的DOM属性。

首先我们要认识到，在DOM层级中，至少会有一套父节点、同级节点和子节点的组合。图25.1是一张带有div和script元素的DOM层级结构的图片，这张图展示了父节点、同级节点和子节点的关系。

Div和script元素为同级元素，因为他们的父元素都为body。Script元素没有子元素，但是div元素有子元素，四个子元素分别为img、h1、p以及div元素，而这四个子元素又互相为同级元素。这和我们现实生活中的父母、孩子、兄弟姐妹的关系是一样的。对于几乎每一个元素而言，根据不同的视角，它们会扮演不同的“家庭角色”。

为了帮助你实现导航，我们有大量的属性可供使用，如firstChild、lastChild、parentNode、children、previousSibling和nextSibling。从这些属性的名称，你大概可以知道它们各自的功能。在下面的部分我们将会进行更详细的讲解。

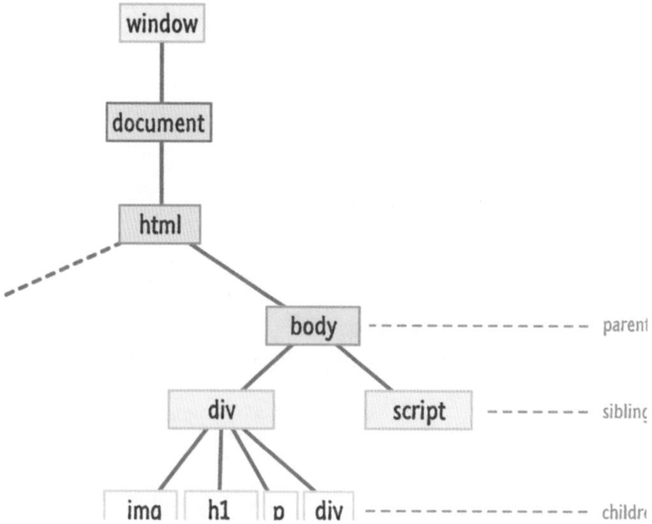

图 25.1

DOM 元素几乎都是以父 / 同级 / 子节点的结构排列

同级元素与父元素

这些属性中，操作最简单的是父元素和同级元素。要用到的属性有parentNode、previousSibling和nextSibling，图25.2大概展示了这些属性是如何运作的。

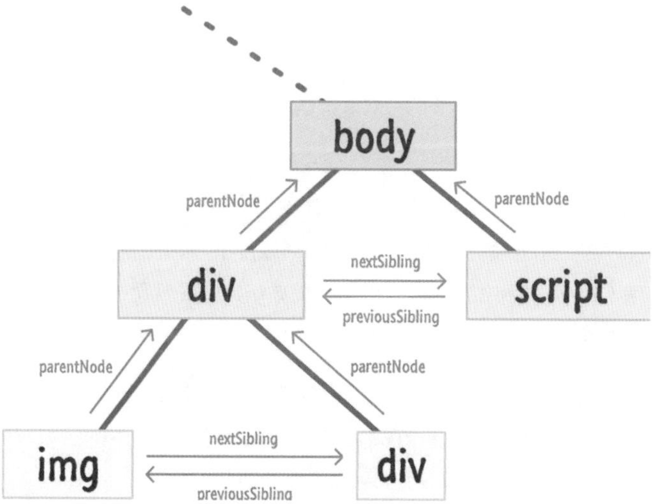

图 25.2

都是一家人！

这张图看起来错综复杂，但是你可以看得出一些端倪。parentNode属性指向元素的父节点，previousSibling和nextSibling属性分别指向该元素的前一个和后一个同级元素。我们可以通过上图的箭头来帮助理解。在最后一行，img的nextSibling指向的是div，而div的previousSibling指向的是img。对着两个元素调用parentNode，最终都会返回第二行的父节点div。是不是非常简洁明了。

关于子元素

相对而言，子节点的属性就不那么直接明了，我们来看一看图25.3里的firstChild、lastChild和children属性。

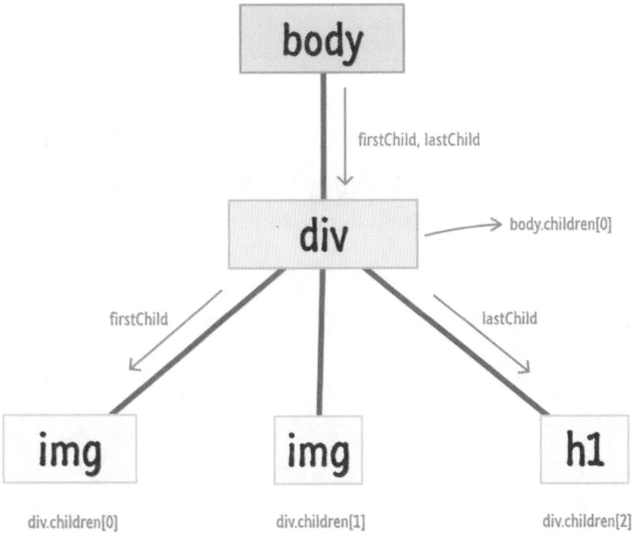

图 25.3

通过 children 导航也是一种访问元素的方式

firstChild和lastChild属性分别指向第一个和最后一个子元素。如果父元素只有一个子元素，那么无论是firstChild还是lastChild都会指向同一个子元素。如果父元素没有子元素，那么最终返回的值为**null**。

相比其他属性，children属性更为复杂。当对父节点访问children属性时，我们会得到一个子元素的集合。然而这个集合并不是列表，也不能执行列表的功能。它只是类似列表地存在，你可以通过这个集合迭代或访问集合里的单个元素，就像上图所展示的那样。这个集合同样也有length属性，可以借此知道父节点含有多少个子元素。如果你感觉绕糊涂了，没关系，下一节的代码将会为你解开疑惑。

结合所学

现在我们已经认识了关于DOM导航的所有重要属性。接下来我们来看一些代码段，这些代码段将和所有图标以及属性完美地结合到JavaScript中。.

检查子元素是否存在

要检查该元素是否存在子元素，我们可以这么编写代码：

```
var bodyElement = document.body;

if (bodyElement.firstChild) {
    // 可以写你感兴趣的任何东西
}
```

如果没有子元素，最终会返回**null**。如果你不嫌打字麻烦，也可以用bodyElement.lastChild或者bodyElement.children.length。对我而言当然是越简单越好。

访问所有子元素

如果要访问父元素中的所有子元素，那么需要用到for循环：

```
var bodyElement = document.body;

for (var i = 0; i < bodyElement.children.length; i++) {
    var childElement = bodyElement.children[i];

    document.writeln(childElement.tagName);
}
```

注意，虽然在这里对子元素集合调用children和length属性的方法和列表一样，但是子元素的集合不是列表。在列表中可以用的方法大部分都不能用到子元素的集合上。

遍历 DOM

下面这段代码涉及目前我们所学的所有内容。这段代码用递归的方式遍历了DOM并访问了每一个HTML元素：

```
function theDOMElementWalker(node) {
```

```
        if (node.nodeType == 1) {

            // 对节点进行任意操作

            node = node.firstChild;

            while (node) {
                theDOMElementWalker(node);
                node = node.nextSibling;
            }
        }
    }
```

要执行这个函数，我们只需要输入任意一个起始节点即可：

```
var texasRanger = document.querySelector("#texas");
theDOMElementWalker(texasRanger);
```

在这里，我们对引用元素的变量texasRanger调用theDOMElementWalker函数。如果你想对某个元素执行这一段代码，可以把那一行注释替换成想要执行的代码。

本章小结

在DOM中寻找元素是每个JavaScript开发者应当熟悉的技巧。本章只是提供了一个概览，至于实际应用的方法，需要靠你自己……或一个厉害的朋友来实现。也就是说，在接下来的章节，我们会对本章的内容进一步拓展，作为我们对DOM操作更深入研究的一部分。听起来很刺激吧?

26

本章内容

- 理解如何用 JavaScript 简单地从无到有创建 DOM 元素
- 学会克隆现有的 DOM 元素以及删除不需要的 DOM 元素

创建和删除DOM元素

这一章节的内容跟台风一样可怕，建议开始学习之前找个坚实可靠的东西拉住，别被吹跑了。

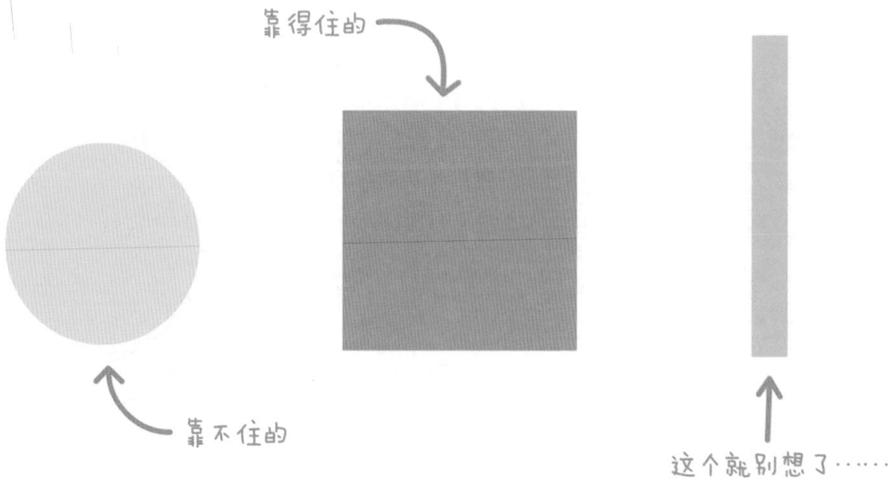

在前面的章节略有介绍，DOM不一定都是HTML标签内的元素构成的，我们可以只需要几行JavaScript代码就可以创建HTML元素并加入到DOM中。可以把这个元素放到任意位置，也可以对它进行删除，像它的上帝一样对它做一切事情。我们稍微花点时间来了解这方面的知识，这个知识点非常庞大。

除此之外，动态地创建和修改DOM元素的能力也是重要一环，这种能力能让我们喜欢的网站和应用得以运行。想到这一点，我们就能够理解了，将元素放在HTML中预先定义是很有局限性的，因为你的内容需要根据新的数据与网页交互、滚动滑轮等其他操作而改变。

在本章，将会介绍如何实现上述的功能，我们将学会如何创建元素、删除元素、更改父元素以及复制元素。这也是最后一个与DOM操作直接相关的章节。

那我们就开始吧！

创建元素

在前面介绍过，动态地创建HTML元素并放到DOM中，对于具有交互能力的网页和应用是非常常见的。如果你是第一次知道这种方法有实现的可能，那么你肯定会爱上这一章的内容。

创建元素需要用到createElement方法。createElement的操作方法非常简单。我们通过document调用createElement方法，并在后面输入你所要创建的元素名称。在下面这段代码中，我们将创建一个段落元素，这个元素用字母p表示：

```
var el = document.createElement("p");
```

运行这段代码后，我们就创建了一个元素p。如果我们将createElement的调用赋值到一个变量中（在上面的例子中这个变量为el），这个变量就会储存新创建的元素。创建元素非常简单，然而将其放到DOM结构中却要花上一番功夫。我们要把新建的元素放在DOM中的某个位置，因为现在这个元素p正在毫无目的地游荡。

之所以这个元素p还在漫无目的地游荡，是因为DOM还不知道它的存在。要让这个元素成为DOM中的一员，我们需要完成以下两步：

1. 找到一个元素作为它的父元素。

2. 使用appendChild并添加到上述父元素之下。

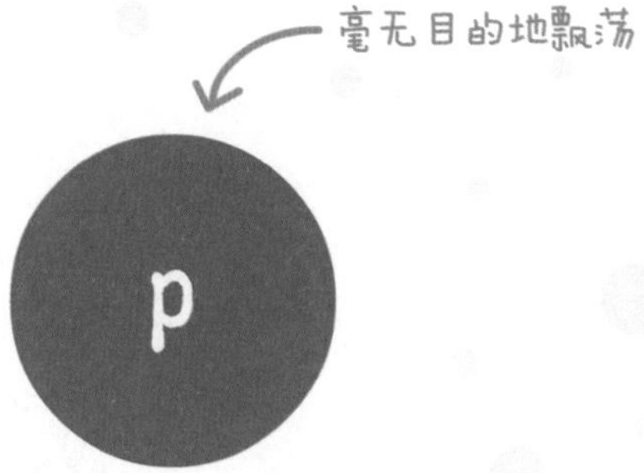

下面高亮的一行显示了这两个步骤的执行：

```
<body>
    <h1 id="theTitle" class="highlight summer">What's happening?
  </h1>

    <script>
        var newElement = document.createElement("p");
        newElement.textContent = "I exist entirely in your
          imagination.";

        document.body.appendChild(newElement);
    </script>
</body>
```

在这里，我们用document.body访问body，令其作为新元素的父元素。在body元素中，我们调用appendChild并输入了新建元素的变量名称newElement作为参数。

代码运行以后，新建的p元素就正式成为DOM中的一员了。

下面一张图就是上面代码中DOM结构的样子（假设我们在HTML标签中定义了head、title和style元素）。

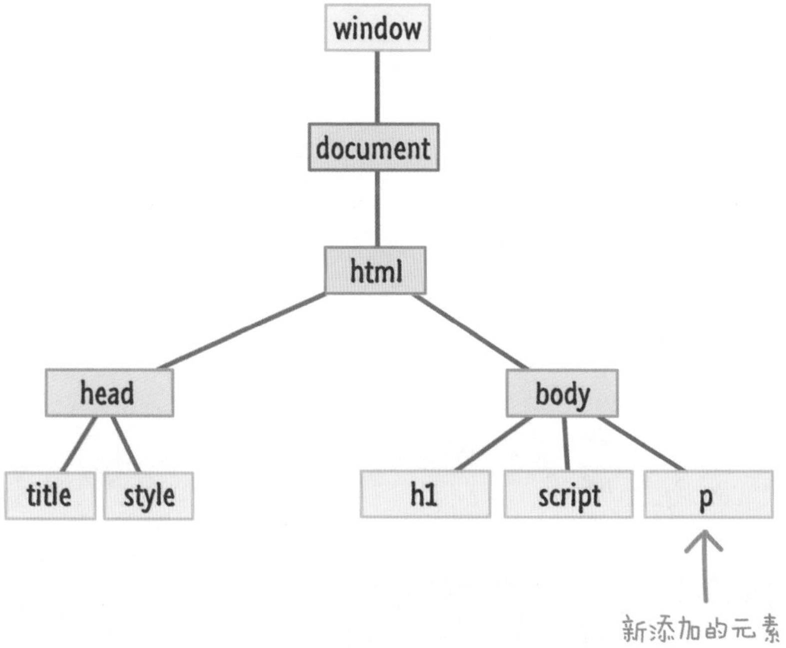

关于appendChild函数，需要注意的一点是，无论父元素有多少个子元素，被添加元素永远排在所有子元素的最后。在我们的例子中，body元素已经有h1和script元素作为它的子元素了，所以新加入的p元素会作为它“最年幼”的子元素。这么说来，我们应该有办法指定这个元素在父元素下作为子元素的位置。

如果要将新元素直接插入到h1后面，可以调用insertBefore函数。这个函数需要有两个参数，第一个参数是你所要插入的元素，第二个参数是插入元素的同级元素变量，这个同级元素最终会排在插入元素的后面。经过修改后，下面这段代码将会把newElement放在h1元素后面、script元素前面：

```
<body>
    <h1 id="theTitle" class="highlight summer">What's
happening?</h1>

    <script>
        var newElement = document.createElement("p");
        newElement.textContent = "I exist entirely in your
  imagination.";
```

```
        var scriptElement = document.querySelector("script");
        document.body.insertBefore(newElement, scriptElement);
    </script>
</body>
```

注意，我是在body元素上调用insertBefore函数。指定newElement元素应该插入到script之前。这样一来DOM结构的变化，如下图所示。

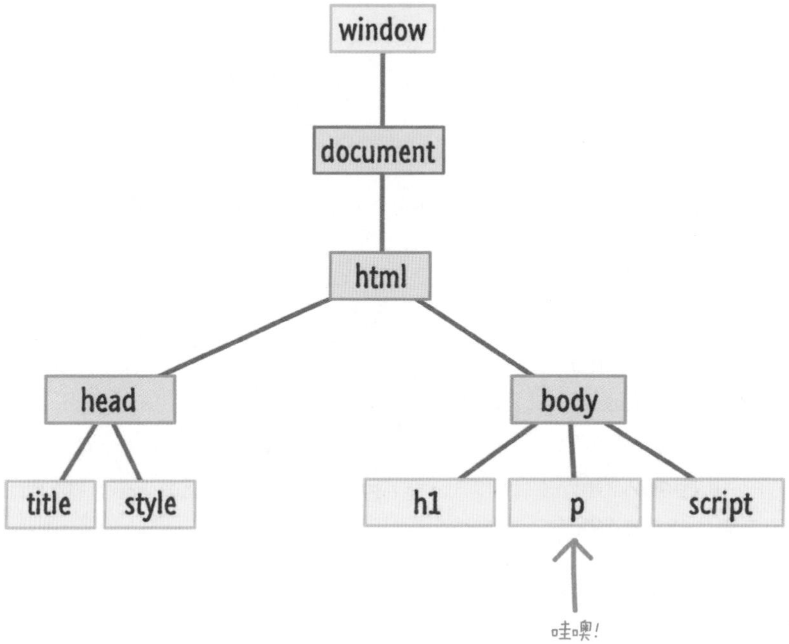

你可能会想，既然有一个insertBefore方法，那肯定也会有一个insertAfter方法。事实上并没有一个内置方法能够支持将元素插入到某个元素的后面，你能做的是调用insertBefore插入在另一个元素之前。这样说可能不太清楚，所以先展示代码，再进行解释。

```
<body>
    <h1 id="theTitle" class="highlight summer">What's
happening?</h1>

    <script>
        var newElement = document.createElement("p");
        newElement.textContent = "I exist entirely in your
          imagination.";
```

```
        var h1Element = document.querySelector("h1");
        document.body.insertBefore(newElement, h1Element.
          nextSibling);
    </script>
</body>
```

注意高亮的部分，并注意看下图所展示的DOM结构的变化。

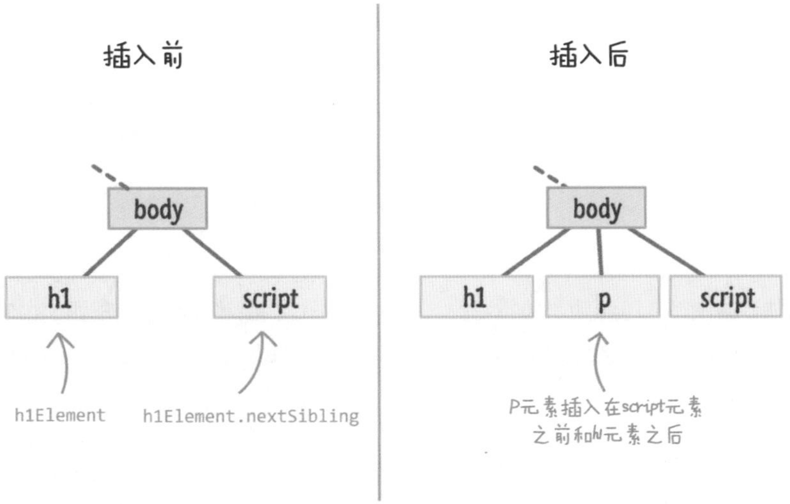

h1Element.nextSibling属性指向的是script元素，在script元素之前插入newElement元素正好达成了将新元素插入到h1之后的目的。如果除了h1以外没有同级元素可以指定会怎么样呢？这时候聪明的insertBefore函数会自动将插入的元素放在最后面。

方便的拓展函数

如果因为某种原因，你一直需要把元素插入到某个同级元素之后，你可能会更想要用下面这段函数。

```
function insertAfter(target, newElement) {
    target.parentNode.insertBefore(newElement, target.
nextSibling);
}
```

是的，我知道这种办法太迂回，但是这种方法……真的很好用！你甚至可以用这个函数拓展HTMLElement的功能，让它更好地处理HTML元素。在**第17章**，我们已经详细地了解了如何拓展对象的功能。不过要注意，有些人会反对扩展DOM的功能，所以跟这种人工作的时候，要准备一些段子调节一下气氛。

删除元素

我估计某个伟人（可能是德雷克船长?）曾经说过：能够被创造的东西，也能够被删除。在前面的小节我们学会了使用createElement方法创建元素。在这一小节我们将会用removeChil方法（这个名字好像不太人性）来删除元素。

我们看一下这个例子：

```
<body>
    <h1 id="theTitle" class="highlight summer">What's
happening?</h1>


    <script>
        var newElement = document.createElement("p");
        newElement.textContent = "I exist entirely in your
  imagination.";


        document.body.appendChild(newElement);


        document.body.removeChild(newElement);
    </script>
</body>
```

P元素储存在newElement，并通过appendChild作为body元素的子元素，我们之前已经明白了这个逻辑。要删除这个元素，我们需要对body元素调用removeChild方法，并在后面输入需要删除元素的变量名称。在我们这个例子中，这个元素当然就是newElement。一旦removeChild运行，DOM结构就会像从来不知道newElement从未存在过一样。

需要特别留意的是，你需要从删除元素的父元素中调用removeChild才可以删除元素。但是这个方法并不是要在DOM结构中到处寻找需要被删除的元素。也就是说，我们不需要直接访问这个元素的父元素，也不需要花时间去找这个元素的父元素是什么，我们可以用parentNode属性轻易地实现删除功能。

```
<body>
    <h1 id="theTitle" class="highlight summer">What's
happening?</h1>

    <script>
        var newElement = document.createElement("p");
        newElement.textContent = "I exist entirely in your
          imagination.";

        document.body.appendChild(newElement);

        newElement.parentNode.removeChild(newElement);
    </script>
</body>
```

在这段代码中，从newElement.parentNode上调用removeChild来删除newElement元素。这看起来是个很曲折的方法，但是能够达成目的。

除此之外，removeChild函数在删除元素方面也有更高的工作效率。它可以删除各种DOM元素——不仅包括JavaScript中动态创建的元素，还包括在HTML的标签中预先定义的元素。如果被删除的元素之后还有子元素和子子元素，那么这些元素都会被同时删除。

克隆元素

本章越是深入，内容就**越奇怪**，不过好在这是最后一节了。另一个需要学会的DOM操作技术是克隆元素，也就是对某个元素创建多个相同元素的副本。

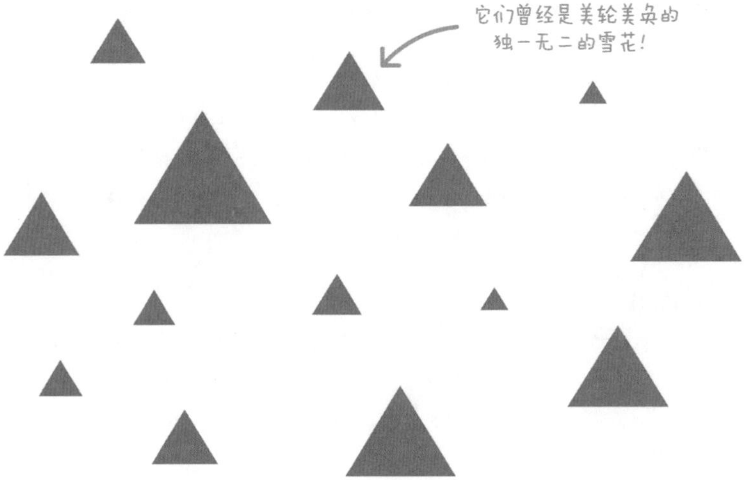

克隆元素需要在被复制元素上调用cloneNode函数，并在后面输入**true**或**false**作为参数来决定是否需要克隆这个元素的子元素。

以下的例子中，通过高亮的相关代码，我们可以更好地理解上面所述的内容。

```
<!DOCTYPE HTML>
<html>
<body>
    <div id="outerContainer">
        <div>
            <h1>This one thing will change your life!!!</h1>
        </div>
    </div>
    <div id="footer">
        <div class="share">
            <p>Something</p>
            <img alt="#" src="blah.png"/>
        </div>
    </div>

    <script>
        var share = document.querySelector(".share");
        var shareClone = share.cloneNode(false);
```

```
        document.querySelector("#footer").
appendChild(shareClone);
    </script>
</body>
</html>
```

我们花些时间来理解一下这段代码。这里的share变量指向div，div的class值为share。在下面一行，我们通过调用cloneNode函数复制了div元素：

```
var shareClone = share.cloneNode(false);
```

shareClone变量指向的是被克隆的div元素。注意我们在调用cloneNode时用到的参数是**false**，这意味着被克隆的元素只有储存在share变量的div元素。

调用cloneNode之后的操作与创建元素后的操作一样。在下面一行，我们将被克隆的元素添加在id为**footer**的div元素之下，这样一来这个元素就能在DOM结构中被找到。运行代码后DOM结构如下：

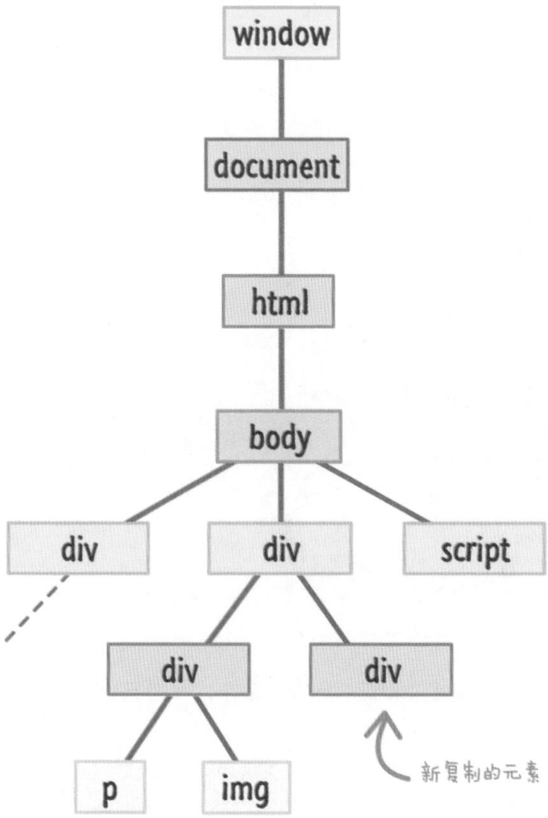

注意，我们克隆的div元素和本体的div元素就成了同级元素了。同时还要注意，原先的div所具有的属性，克隆元素也都有。比如，两个div元素共同拥有一个为**share**的class值。在克隆元素的时候需要记住这一点，因为DOM元素的id值必须是独一无二的，所以可能需要在后续对id值进行处理，保证每个元素的id值都不一样。

这一章马上就要结束了，最后要提到的是，用cloneNode克隆元素及其所有子元素时会发生什么。这时候我们把cloneNode后的参数从**false**改为**true**：

```
var shareClone = share.cloneNode(true);
```

运行代码之后，DOM结构会多出几个成员，因为.share div的子元素也被克隆进来了：

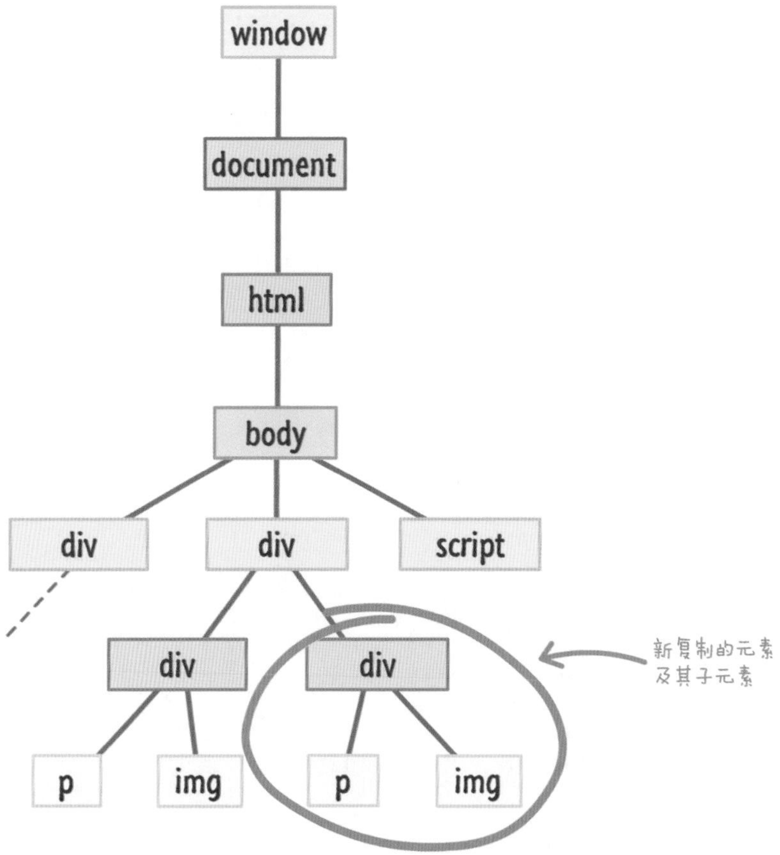

看！p元素和img元素也跟着**.share** div元素克隆进来了。一旦元素被添加进DOM以后，你就可以用所学知识对这些元素进行修改了。

本章小结

这段内容主要是想告诉大家，你的DOM元素是可以触摸并被广泛修改的。我们在之前讲过如何对DOM元素进行修改，然而在这一章，学到的是用createElement、removeChild和cloneNode的最彻底最深刻的修改方法。

通过本章的学习，你现在已经可以在空白的页面上完全用JavaScript代码来填充内容了。

```
<!DOCTYPE html>
<html>
<head>
    <title>Look what I did, ma!</title>
</head>
<body>
    <script>
        var bodyElement = document.querySelector("body");

        // 创建h1元素
        var h1Element = document.createElement("h1");
        h1Element.textContent = "Do they speak English in 'What'?";

        bodyElement.appendChild(h1Element);

        var pElement = document.createElement("p");
        pElement.textContent = "I am adding some text here...like a
          boss!";

        bodyElement.appendChild(pElement);
    </script>
</body>
</html>
```

不过，你可以这么做不代表你一直都应该这么做。对于动态创建内容而言，最主要的问题在于搜索引擎、阅读器以及其他访问工具（即便定义了ARIA属性）在不启用JavaScript的时候无法运行。它们对在标签中定义的元素比用JavaScript创建的元素更加熟悉。如果你过于热衷动态修改DOM元素，你一定要注意这种操作的局限性。

本章内容

- 学会用浏览器开发者工具提高效率
- 熟悉 Chrome 浏览器开发者工具的功能

27

浏览器内的开发者工具

所有的主流浏览器，如谷歌Chrome、苹果的Safari、火狐、微软的Edge（即IE的前身）等，不仅具有显示网页的功能。对于开发者而言，这些浏览器提供了很多很酷的功能，让我们能够明白这个网页是如何形成的。这些功能的实现大体上来自于我们所谓的**开发者工具**。这些工具是内置在浏览器中的，并能让我们以干净而有趣的方式查看HTML、CSS和JavaScript。

本章我们将了解这些开发者工具，并利用它们让我们的工作更加轻松。

那我们就开始吧！

我选择谷歌 CHROME

在这些主流浏览器中，我会选择用谷歌的Chrome浏览器。尽管对于这些浏览器而言，我所要描述的功能都差不多，但是Chrome的UI界面和实现这些功能的步骤可能不一样。还要注意一点，你们用的Chrome版本可能比本章节所用的版本更新。

认识开发者工具

我们从最基本的说起。当你在浏览网页的时候，你的浏览器会加载网页文件中的所有内容：

这一点我们都知道，毕竟自浏览器被发明以来，它的功能就没怎么变过。现在我们要调用开发者工具界面，Mac用户要按Cmd-Opt-I组合键，Windows用户按F12功能键或Ctrl+Shift+I组合键。

按完以后，我们看发生了什么。当然这里没有什么天堂般的音乐，大地也没有颤抖，也没有激光束射向太空。只是你的网页界面发生了变化，在底部或右边（版本不同可能位置不同）出现了一个神秘的界面，如图27.1所示。

图 27.1

浏览器的开发者工具在网页的下方

你的浏览器被分成了两部分，一部分是浏览器所显示的网页，我们更喜欢这部分，因为这一部分我们比较熟悉。另一部分是我们从来没见过的，在这里可以访问网页上每一个部分的信息，这些信息只有像你我这样的开发者才会重视，这个部分就是所谓的开发者工具了。

开发者工具一般具有以下功能：

- 检测DOM
- 调试JavaScript
- 检测对象并通过控制台（console）查看信息；
- 查看执行和内存信息

- 查看网络状态
- 等等。

由于时间关系（**《权力的游戏》**要开播了，我想看看奈德·史塔克能不能活过来），在这里我们主要了解前面三种功能，这三种功能与我们这本书所学的直接相关。

检测 DOM

我们要学习的开发者工具第一个功能，即如何检测，或者说操控DOM的内容。我们打开Chrome浏览器，访问网页**http://bit.ly/kirupaDevTool**。

没有浏览器？没问题！

如果你手边没有浏览器，甚至无法访问链接，没关系，我会在后面解释每一个步骤，这样一来我们依然能够快乐地学习！

当你加载这个页面时，你会看到一个颜色背景，并附上这样的一段文本：

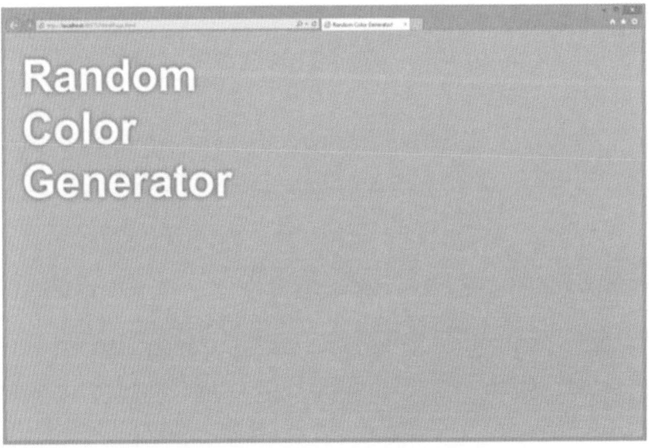

重新加载这个网页，你会看到网页的背景图变得不一样了。你猜得没错，每刷新一次，网页的背景颜色都会不一样：

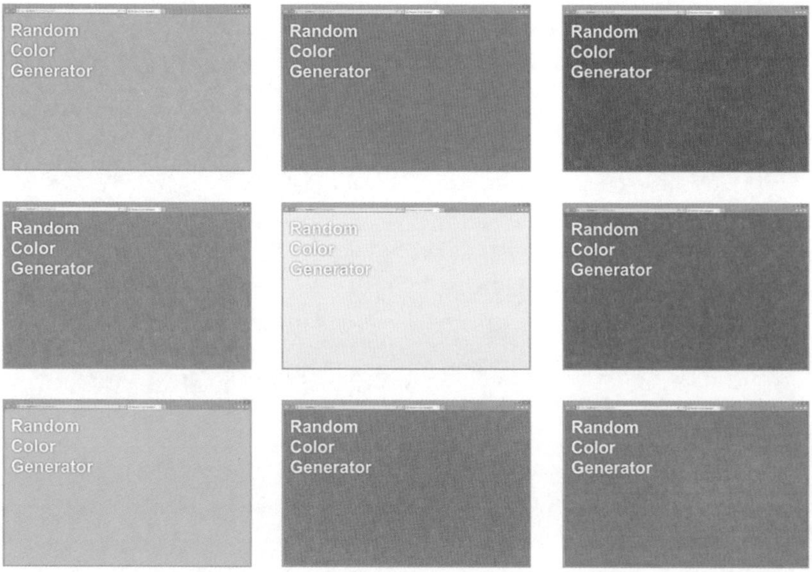

现在，我们首先要做的是检验这个网页的DOM，看看究竟发生了什么。你确保你的开发者工具可见，并选定Elements选项卡。

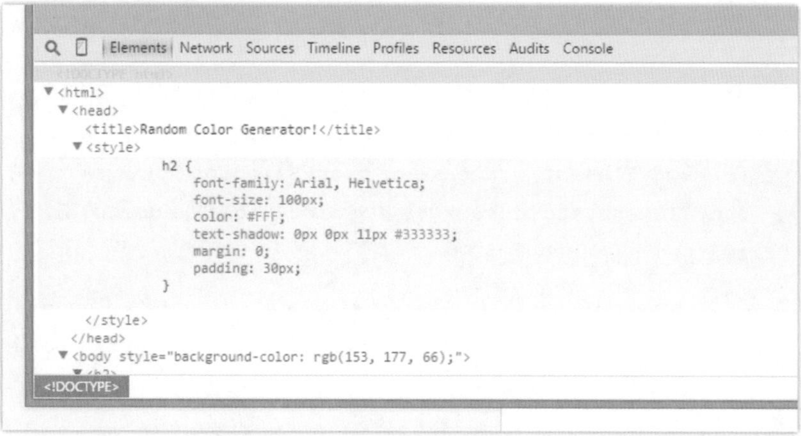

你看到的是这个网页的一个**实时**标签。更具体地说，这个就是**DOM的视图**，这个视图能够提供实时的页面代码。任何JavaScript或浏览器加入到DOM中的元素都会在这个视图中显示。

我们以这个例子为例……使用**View Source**命令会看到以下内容：

```
<!DOCTYPE html>
<html>

<head>
  <title>Random Color Generator!</title>
  <style>
    h2 {
      font-family: Arial, Helvetica;
      font-size: 100px;
      color: #FFF;
      text-shadow: 0px 0px 11px #333333;
      margin: 0;
      padding: 30px;
    }
  </style>
</head>

<body>
  <h2>Random
    <br />Color
    <br />Generator</h2>
  <script src="js/randomColor.js"></script>
  <script>
    var bodyElement = document.querySelector("body");
    bodyElement.style.backgroundColor = getRandomColor();
  </script>
</body>

</html>
```

View Source指令会让你看到储存在HTML页面的标签的视图。换一种说法，View Source展示的是固定的标签，这些标签储存在服务器中，而不是在DOM中。

如果使用DOM视图，你会看到网页的实时DOM结构：

```
<!DOCTYPE html>
```

```
<html>

<head>
  <title>Random Color Generator!</title>
  <style>
    h2 {
      font-family: Arial, Helvetica;
      font-size: 100px;
      color: #FFF;
      text-shadow: 0px 0px 11px #333333;
      margin: 0;
      padding: 30px;
    }
  </style>

  <body style="background-color: rgb(75, 63, 101);">
    <h2>Random
      <br>Color
      <br>Generator</h2>
    <script src="js/randomColor.js"></script>
    <script>
      var bodyElement = document.querySelector("body");
      bodyElement.style.backgroundColor = getRandomColor();
    </script>

  </body>

</html>
```

仔细观察，我们会发现元素上的一些细微不同。最大的不同在于高亮的一行body元素的background-color样式。这个样式只能在DOM视图中看到，传统的View Source视图是看不到的，原因在于某个JavaScript代码对这个内联样式进行动态设置。下面的笔记解释了出现这种情况的原因。

尽管我们的例子强调的是source和DOM之间的区别，但是这个例子非常简单，想要真正感受DOM视图的优点，你应该用元素重新定义父元素、创建元素和删除元素的例子来观察source和DOM视图的区别。前面几章关于DOM操作的例子也可以作为检测的好材料。

DOM 与 VIEW SOURCE 视图的区别

两个视图所显示代码不同的原因在于DOM的含义。需要再说明一次，DOM是浏览器与JavaScript运行完成以后的结果，它提供了最新的浏览器显示结果。

而View Source只是文件的静态代码，因为这些文件存在于服务器中（或者是在你的电脑中）。在这里并不存在DOM视图中强调的实时运行的网页内容。如果去看JavaScript代码，你会看到我指定了body元素让backgroundColor 动态变更：

```
var bodyElement = document.querySelector("body");
bodyElement.style.backgroundColor = getRandomColor();
```

运行这段代码时，DOM中body元素的backgroundColor属性会做出改变。在View Source视图中我们永远看不到这种变更，所以这就是为什么开发者工具提供的DOM视图是全世界最好的朋友。

调试 JavaScript

开发者工具的另一项功能是**“调试”**功能。开发者工具可以让你仔细钻研自己的代码，查看代码是否出错，以及出错的原因。简单来说，开发者工具提供了**debug**的功能。

在开发者工具中，切换至Sources选项卡。

在**Sources**选项卡可以访问正在使用的所有文件。从选项卡的名字可以知道，我们所看到的是这些文件的原生内容，而不是DOM生成的版本。

从左边的树状图来看，我们选中了**randomColorGenerator.htm**文件，而文件的内容会在右边显示以供检查。在被显示的文件中，一直往下滑动，直到看到script标签以及之前看到的两行JavaScript代码。根据左边的序号栏显示，我们的JavaScript代码应该在第20行和21行。

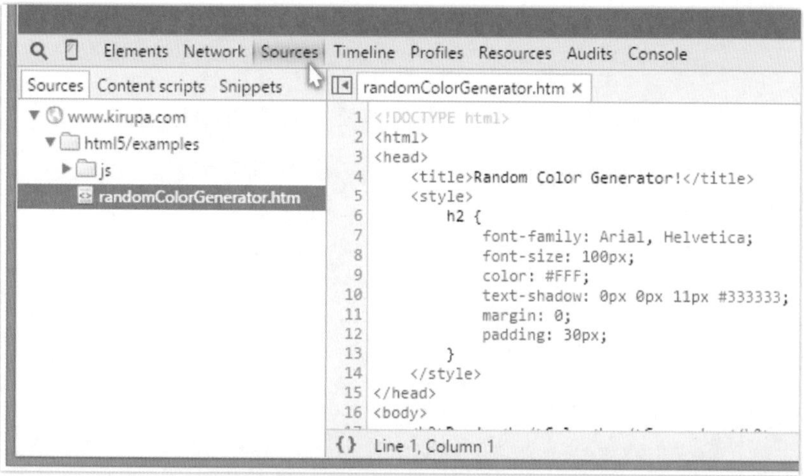
Elements
Network
Sources
Timeline
Profiles
Resources
Audits
Console
Sources
Content scripts
Snippets
randomColorGenerator.htm ×
www.kirupa.com
html5/examples
js
randomColorGenerator.htm
1 <!DOCTYPE html>
2 <html>
3 <head>
4 <title>Random Color Generator!</title>
5 <style>
6 h2 {
7 font-family: Arial, Helvetica;
8 font-size: 100px;
9 color: #FFF;
10 text-shadow: 0px 0px 11px #333333;
11 margin: 0;
12 padding: 30px;
13 }
14 </style>
15 </head>
16 <body>
{} Line 1, Column 1

我们想要检验的是第21行代码执行后会出现什么情况。只需要告诉浏览器，当代码运行到第21行时就要停下来，这时候我们需要设置一个**断点**。要设置断点，我们只需要直接在左边的序号栏上单击第21行的标签。

单击之后，我们会看到序号**21**行被高亮了：

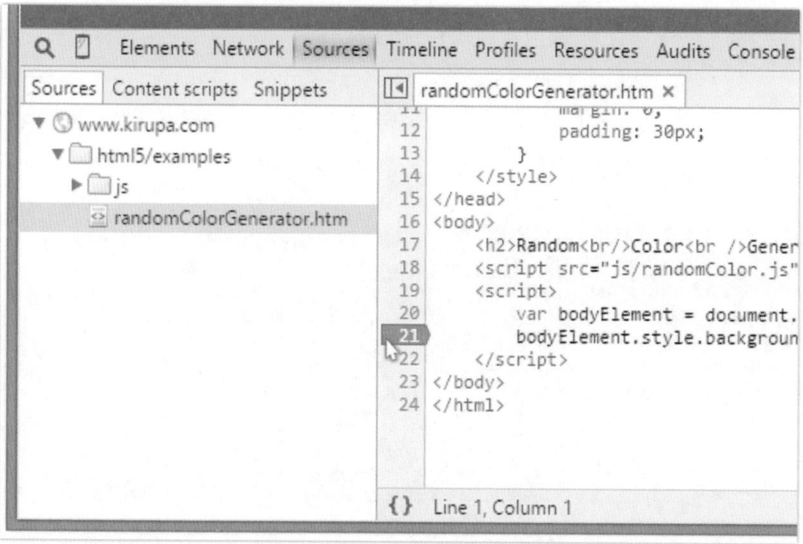
Elements
Network
Sources
Timeline
Profiles
Resources
Audits
Console
Sources
Content scripts
Snippets
randomColorGenerator.htm ×
www.kirupa.com
html5/examples
js
randomColorGenerator.htm
12 padding: 30px;
13 }
14 </style>
15 </head>
16 <body>
17 <h2>Random
Color
Gener
18 <script src="js/randomColor.js"
19 <script>
20 var bodyElement = document.
21 bodyElement.style.backgroun
22 </script>
23 </body>
24 </html>
{} Line 1, Column 1

这个时候，断点就已经设置好了，接下来就是让你的浏览器运行到断点这部分。要让代码运行到断点的位置，我们需要按F5功能键刷新页面，因为第21行会作为页面加载、执行的script标签所有内容的一部分。

如果一切运行正常，你会看到页面加载，到第21行就突然停止了，并且第21行被高亮显示：

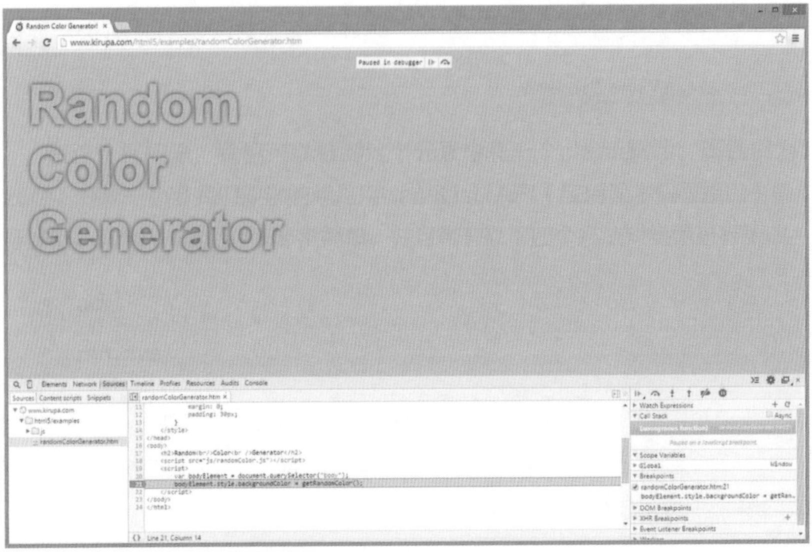

现在我们就进入了**调试模式**，代码运行到第21行设置的断点时就会立刻停止。这时候浏览器就会处于一个“假死”的状态，你可以对网页做任何调试，就跟时间静止了一样，你可以随意地走动、检查、变换周围环境。

在这种模式下，回到第21行并将光标停留在bodyElement变量上方，你会看到这个变量上出现一个信息提示框，里面有这个对象所包含的各个属性和变量：

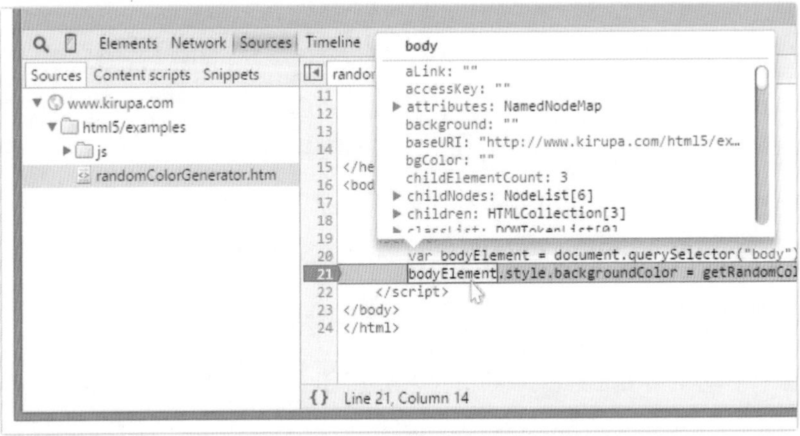

你可以和这个信息栏进行交互，查看所有对象，甚至还可以看到在一些复杂对象中内含

的对象。由于bodyElement相当于是JavaScript/DOM中的body元素，所以你可以看到前几章间接遇到过的HTMLElement元素的许多属性，bodyElement元素同样也有。

在右边的source视图中，我们可以用多种角度来检测代码：

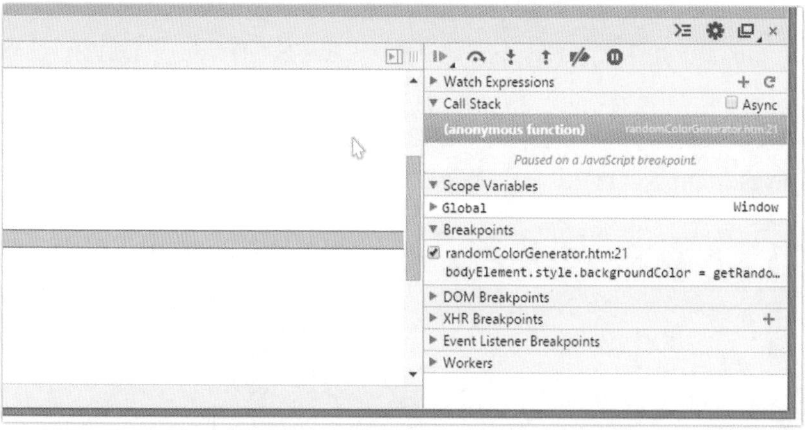

在这里不再对各个目录进一步解释，只需要说明，我们可以对JavaScript变量和对象的当前状态进行更加细致的检查。

使用断点的另一个好处在于，它可以和浏览器一样遍历你的代码。现在我们停在代码的第21行，要进入这个代码，单击右侧的Step into function call按钮即可：

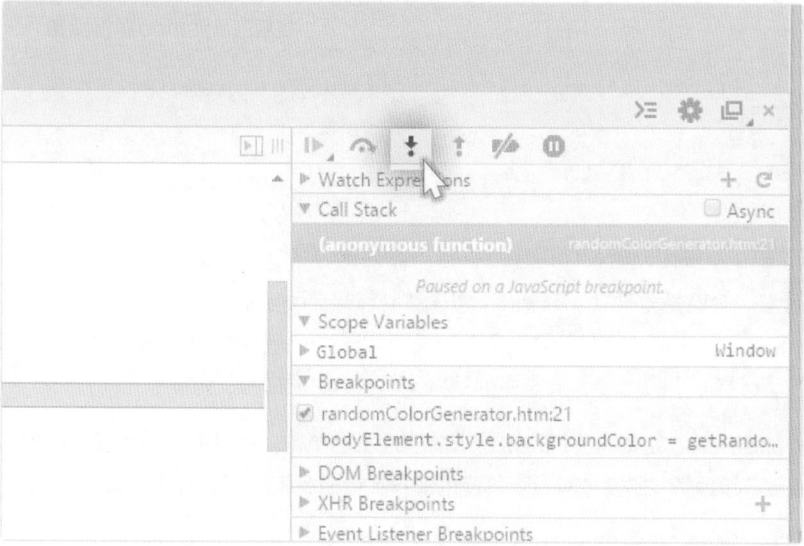

记得我们的代码中断在这一行：

```
bodyElement.style.backgroundColor = getRandomColor();
```

单击按钮以后，看看发生了什么。会看到我们进入了randomColor.js中，而**getRandomColor**函数正是在这里被定义的。继续单击Step into function call按钮进入代码并继续遍历getRandomColor函数。这时候注意观察在你按顺序一行一行地执行代码时，浏览器内存中的对象是如何更新的。我们可以在Step into next function call按钮的右边单击Step out of current function按钮进行**返回**并**退出当前函数**。在这里我们会在randomColorGenerator.htm返回到第21行代码。

如果只是想执行这段代码，而不是深入到代码中，那么单击**Step into next function call**左边的**Play**按钮：

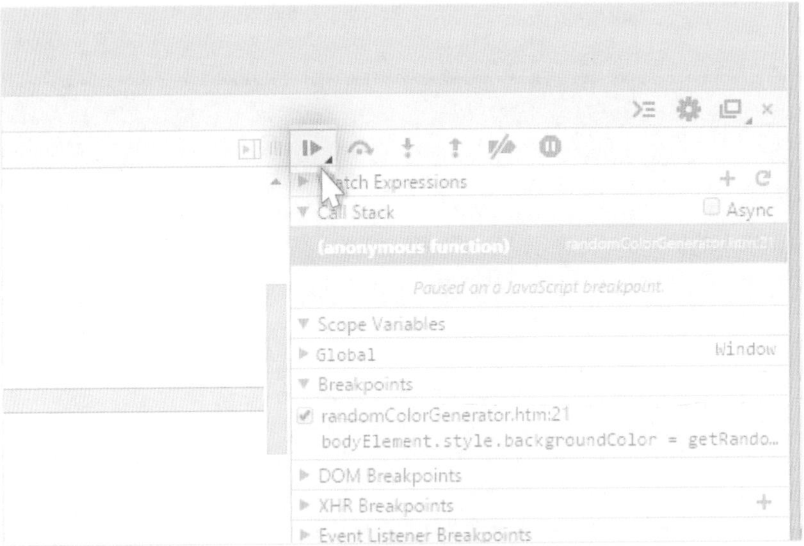

单击Play按钮以后，代码开始执行。如果此时下面的代码也恰好有个断点，代码也会运行到这个断点就停止。只要代码执行到任意一个断点的时候，我们都可以选择Step into、Step out或者继续执行。由于一般我们只设置一个断点，所以单击Play按钮以后一般会直接运行整段代码，body元素中的随机颜色也会出现在网页背景中：

移除断点的方法就是在已设置断点的序号位置单击。比如说我们再次在第21行的序号栏中单击，就删除了这个断点，这样我们运行代码时就不会再进入调试模式。

关于如何调试代码功能的说明就到这里。在本章开始的时候我就说过，本章我只是粗浅地介绍一些皮毛。在本章末尾我会提供一些资源让大家进一步学习。

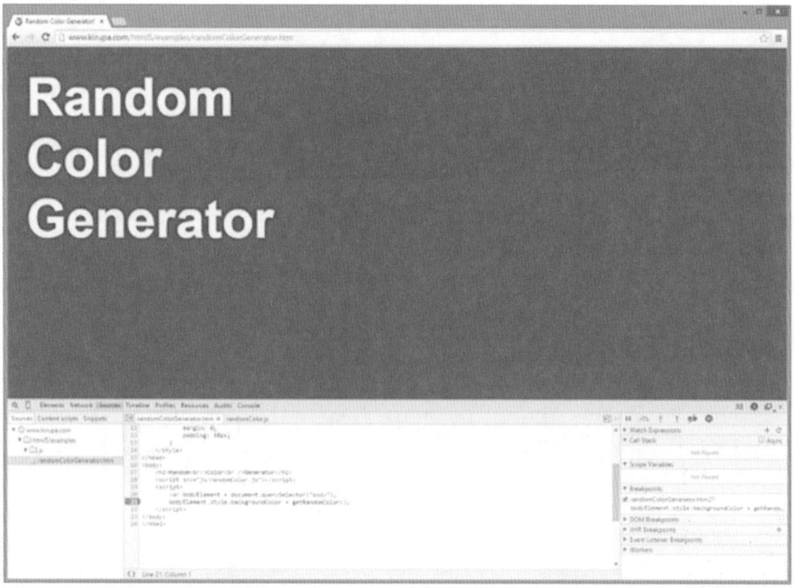

认识 Console

另一个强大的调试工具就是**Console**。Console可以实现多种功能，可以让你输入指令，并且检测当前作用域下的对象。

我们切换到console选项卡，看一看console的界面：

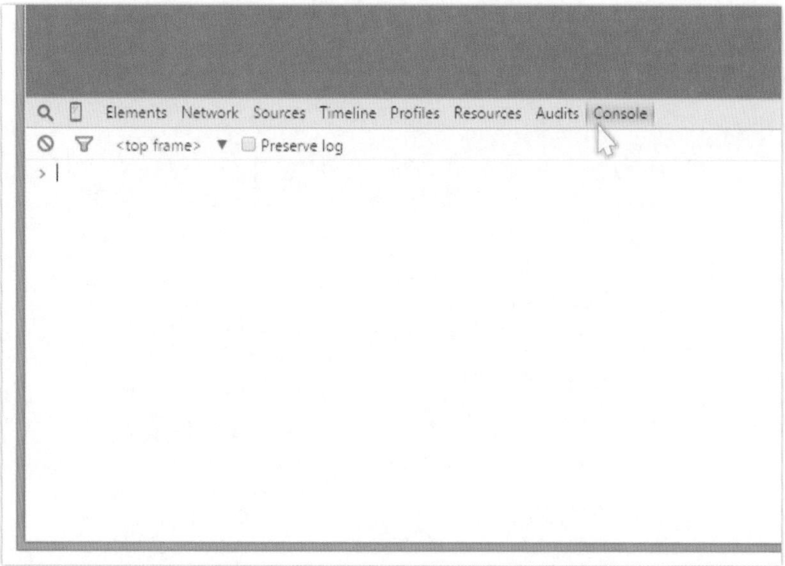

别被眼前的一大片空白吓到了，恰好相反，我们应该拥抱这空白的自由。

其实，Console所提供的是检测或调用当前正在运行代码的作用域内对象的功能。在不设置断点的情况下，启动console会自动设置为全局作用域的状态。

检测对象

在光标所在的位置输入**window**并按回车键：

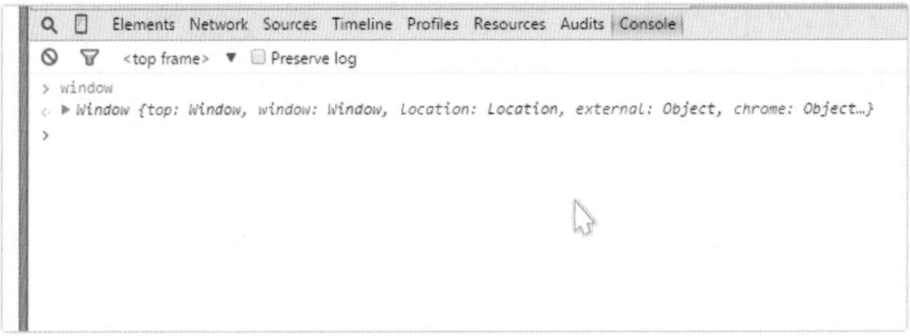

你将会看到window对象中所有的交互内容。你可以输入各种有效的对象或属性，如果这些都在作用域内，还可以进行访问甚至执行：

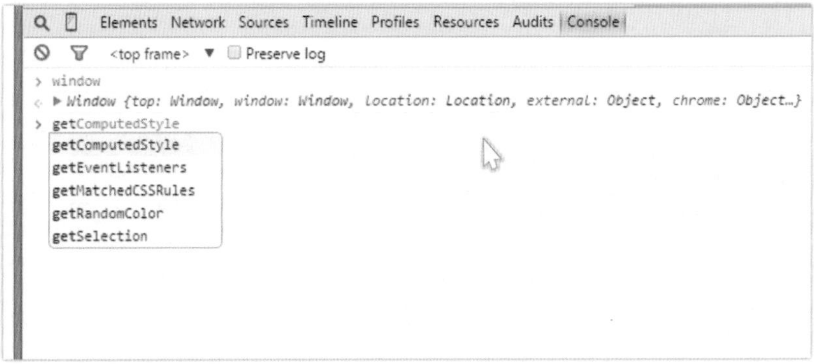

当然这里并不是一个只读的区域，我们是可以对代码进行一番折腾的。比如说，如果输入**document.body.remove()**并按回车键，由于body元素被删除，整个文件就会消失。如果你删除了body元素，只需要刷新一次就能恢复。开发者工具会在网页内存中进行修改，不会写到source中，所以对代码的操作不会对原来的代码进行变更。

作用域 / 状态的更新

我之前提到过，在某些情况，控制台可以检测当前所在的任何作用域内的代码。这基本上是将**第6章**关于变量作用域的内容应用到控制台中。

比如说在高亮的一行设置了一个断点：

```
var oddNumber = false;

function calculateOdd(num) {
  if (num % 2 == 0) {
    oddNumber = false;
  } else {
    oddNumber = true;
  }
}
calculateOdd(3);
```

当代码运行到断点时，oddNumber的值还是**false**，也就是说断点的那一行代码还没有被执行，你可以在控制台上测试来验证这一点。接下来，假设我们运行代码，并且运行到断点的代码行，然后单击step through to the next line按钮。

这个时候，oddNumber的值为**true**。现在你的控制台反映的是新的值，这就是内置内存所展现的oddNumber变量的状态。总的来说，控制台的视角下的代码与你当前关注的代码直接相关，这一点尤其在你查看变更频率高的代码和作用域时更为明显。.

打印信息

关于开发者工具的内容就快讲完了，最后一个内容是关于console的打印信息的功能。还记得之前写过和下面这段类似的代码吗?

```
function doesThisWork() {
  alert("It works!!!");
}
```

这个“类似”指的是我们用alert语句来打印某个值或者证明这段代码正在被执行。现在可以不这么写了，通过使用console，我们可以不受弹窗干扰地打印信息了。我们可以用console.log函数，在函数后面输入任何需要打印在控制台的内容：

```
function doesThisWork() {
  console.log("It works!!!")
}
```

运行代码后，我们会看到console里打印出了所输入的内容：

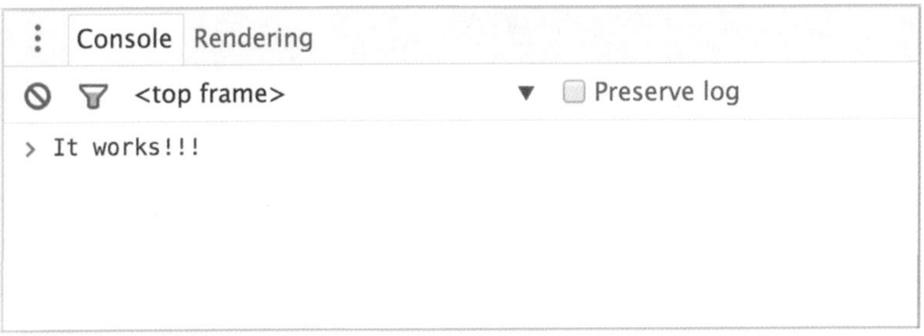

在调试代码的时候，使用console一般比用alert更好。以后我们的一些代码将会用console.log取代alert。

本章小结

如果你之前从来没用过开发者工具，我真心建议你花一点时间熟悉一下。毕竟JavaScript是一种即便看起来没什么问题，却在运行的时候会出现问题的编程语言。在书中遇到的这些例子都是很容易找出错误的，当你在做更庞大更复杂的应用时，运用正确的工具来寻找问题会节省许多时间。

本章内容

- 理解用户与应用之间的交互是如何发生的
- 了解事件
- 使用事件参数来更好地解决事件相关的问题

28

事件

可能你还没注意到，大多数的应用和网页在不进行任何操作的时候都会显得非常无聊。可能这些应用和网页在启动的时候很花里胡哨，但是如果不进行互动，这些应用和网页营造的酷炫感很快就会消失。

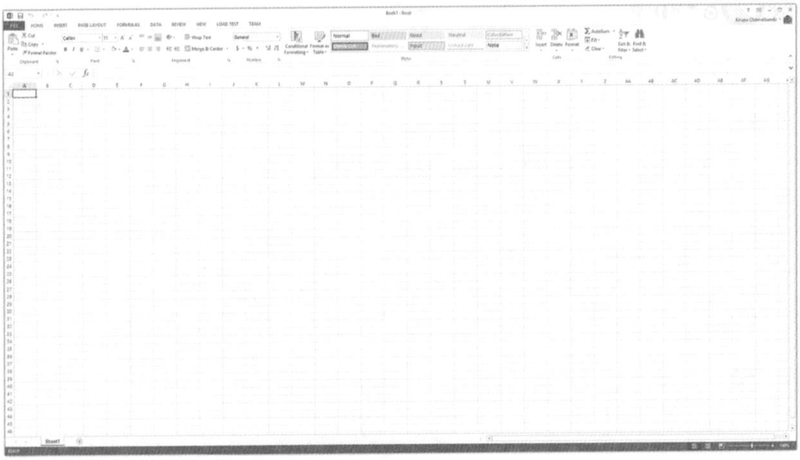

网页有时候就像这个表格文件一样无聊。

理由很简单，你的应用本身就是为了对我们的行为作出反应而存在的。启动它们的时候，这些应用会有内在的动力进行运作，而后面它们的工作大部分依赖于我们传达给应用的指令，在这个时候事情就变得有趣了。

我们通过告知应用进行某个工作来作为对某件事情的回应，这件事情就是所谓的**事件**。在本章，我们会介绍性地讲解事件是什么以及如何使用事件。

那我们就开始吧！

什么是事件

总体来看，你所创建的所有代码都可以总结为以下的语句模式：

______后，完成______。

你可以以各种方式填充语句空白部分的内容。第一个空填的是发生的事情，第二个空填的是对这个事情的反应。下面是这个语句填充后的一些例子。

这种通用的模式可以适用于我们写过的所有代码，同样也适用于你所喜欢的开发者/设计者所写的应用，实际上所有代码都离不开这个模式，因此我们应该拥抱这种模式，尤其是其中的核心——事件。

网页加载后，完成播放一个猫滑进纸箱的视频。

单击后，完成线上下单。

左键松开后，完成发射那只愤怒的小鸟。

点击删除键后，完成发送文件到回收站。

触摸手势发生后，完成添加“怀旧”滤镜到照片中。

下载软件开始后，完成更新进度条。

事件实际上就是一个信号，传达的内容是刚才发生了的事件。这种事件可以是一次鼠标的单击，可以是敲击键盘、调整窗口大小或文件加载等。总的来说事件包括各种内置在JavaScript DOM API的，或者是为你的应用单独创建的内容。

回到刚才的模式，我们的事件构成了前面的一部分：

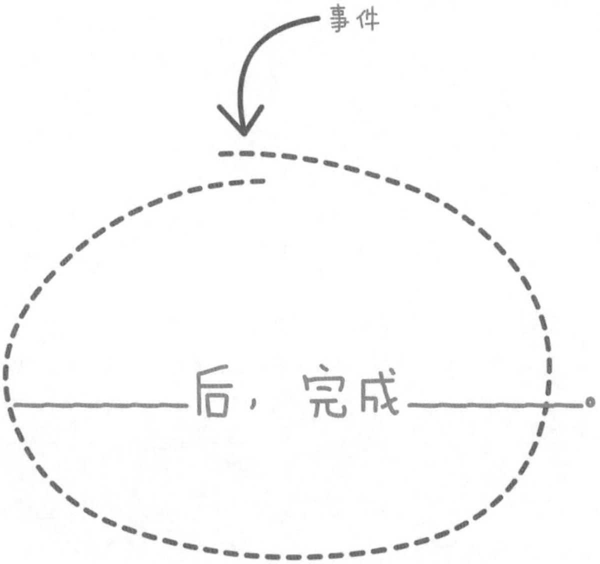

事件所定义的是发生的事情，相当于是发射一个信号。模式的第二部分是对事件所做的反应。

毕竟，如果没有信号来指挥接下来要做什么事情，那么信号还能有什么用呢？好的，我们已经从一个整体的角度明白了什么是事件，接下来将深入了解存在于JavaScript的事件是什么样的。

事件与 JavaScript

考虑到事件的重要性，JavaScript无疑会对事件的使用提供大量的支持。要使用事件，我们需要做两件事：

1. 监听事件；
2. 对事件做出反应；

这两步看起来非常简单，但是在JavaScript中处理的时候，所有的“简单”都是一种假象，只要你做错了一步，JavaScript就会给你带来大麻烦。这些话可一点都不夸张，看完下面的内容就知道了。

1. 监听事件

直白一点来说，在应用中几乎所有的行为都能视为发生一次事件。有时事件会自动触发，比如在页面加载时；有时事件是作为对我们与应用交互进行反应而触发。需要注意的是，无论你是否想要触发事件，你的应用中各种事件都会照常发生。所以我们的任务仅仅是监听需要留意的事件。

监听事件这种吃力不讨好的工作完全由函数addEventListener来完成。这个函数对监听事件一直保持警惕，这样一来当一个有趣的事件触发后就能提醒应用的另一部分。

这一函数的使用方法大致如下：

```
source.addEventListener(eventName, eventHandler, useCapture);
```

这样看起来不好懂，所以我们会分别解释这个函数每一部分的涵义。

源

你可以通过你想要监听的元素或对象来调用addEventListener，一般来说，这个源会是一个DOM元素，但也可以是document、 window或其他正好触发了事件的对象。

事件名称

在函数addEventListener中，你需要输入的第一个参数就是想要监听的事件名称。由于所有可监听事件的太多，在书中不方便列出，我们在下表中列出了会碰到的最常见的一些事件。

事件	事件描述
click	…单击鼠标左键/触摸板等等
mousemove	…光标移动
mouseover	…光标处于元素上方。这个事件用于检测光标是否在元素上徘徊
mouseout	…光标离开元素
dblclick	…双击鼠标/触摸板
DOMContentLoaded	…文件的DOM元素完全加载。关于这个元素我们会在第32章讲述
load	…整个文件（DOM以及图片、javaScript脚本等外部文件）全部加载完成
keydown	…按↓方向键
keyup	…按↑方向键
scroll	…元素进行滚动
wheel & DOMMouseScroll	…鼠标滑轮滚动

在后面的章节我们会更加详细地讲解各种事件。现在，我们快速地了解click事件即可，因为接下来会经常用到这个事件。

事件句柄

第二个参数需要输入的是一个监听到事件以后需要执行的函数，这个函数被亲切地称作**“事件句柄”**。我们稍后将会学到更多关于这个函数的内容。

捕获还是不捕获——这是一个问题！

最后一个参数是一个布尔值，选择填入**true**或**false**。为了让你明白这个参数究竟该怎么填，我们会在下一章**“事件冒泡与捕获”**中进行讲解。

整合一下

我们已经知道了addEventListener函数的组成，现在把各个部分整合起来，并用这个函数的例子来总结一下：

```
document.addEventListener("click", changeColor, false);
```

这个addEventListener函数的例子与document对象相连接，当监听到事件click时，它会调用函数changeColor（在这里该函数即为事件句柄）来对这个事件进行反应。在这里，我们正好可以进入下面一部分——事件的回应。

2. 事件的回应

前面一部分我们讲到，监听事件依靠addEventListener函数，那么在监听到事件以后，对事件作出反应就要依靠事件句柄。之前提到过，事件句柄是由一个函数组成：

```
function normalAndBoring() {
    // 我喜欢爬山遛狗之类的
}
```

普通的函数和作为事件句柄的函数之间唯一的区别在于，事件句柄函数需要在addEventListener中输入名称来调用（并且以Event对象作为参数）：

```
document.addEventListener("click", changeColor, false);

function changeColor() {
    // 我很重要！！！
}
```

当addEventListener关注的事件被监听到之后，在事件句柄中的所有代码都会被执行。这部分内容非常简单。

一个简单的例子

要理解刚才所学内容，我们最好来看一下实际的操作。首先我们在HTML文件中加入以下标记和代码：

```
<!DOCTYPE html>
<html>
<head>
    <title>Click Anywhere!</title>
</head>
<body>
    <script>
        document.addEventListener("click", changeColor, false);

        function changeColor() {
            document.body.style.backgroundColor = "#FFC926";
        }
    </script>
</body>
</html>
```

对刚才的文件进行预览，你会看到一个空白的页面：

当你单击页面的时候，就会出现一些情况了。在网页上单击一下，页面的背景颜色就会从白色变为黄色：

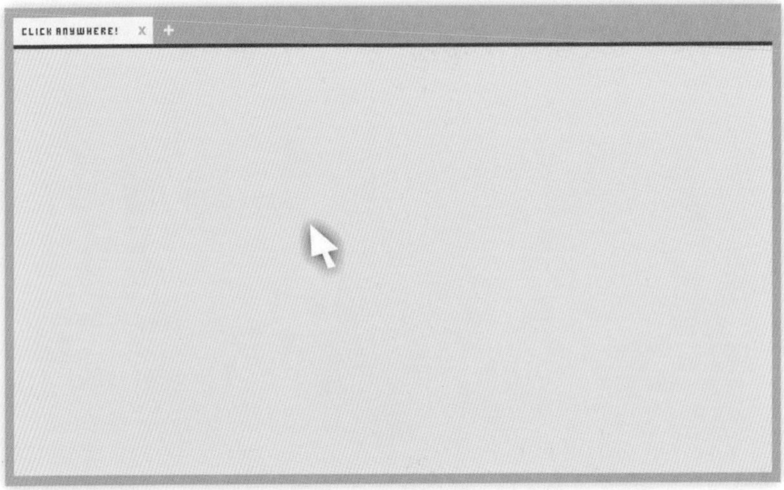

背后的原理很简单，我们来看一下这段代码：

```
document.addEventListener("click", changeColor, false);

function changeColor() {
    document.body.style.backgroundColor = "#FFC926";
}
```

addEventListener函数的调用和之前看到的是一样的，我们跳过这一步。真正要注意的是changeColor这个事件句柄函数：

```
document.addEventListener("click", changeColor, false);

function changeColor() {
    document.body.style.backgroundColor = "#FFC926";
}
```

当在document中监听到了事件click之后，这个函数就会被调用。但这个函数被调用时，它就会将背景的颜色改为黄色。回到最开始提到的应用的工作机制，我们这个例子的机制大概如下图所示：

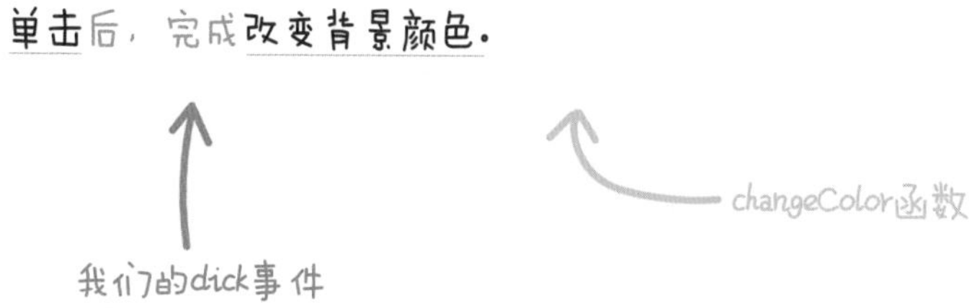

如果这些能你够完全理解的话那就太棒了！我们已经学会了将会遇到的最重要的概念之一。然而还没有结束，我们太容易让事件处理程序脱钩了，所以需要再访问一次。

事件参数与事件类型

事实上你的事件句柄所做的不仅仅只是被调用而已。它还对潜在的事件对象进行了访问并作为其参数。为了让这个函数能够容易地访问到事件对象，我们需要对事件句柄函数进行调整使其支持它的参数。

下面是一个例子：

```
function myEventHandler(e) {
    // 函数内容
}
```

这个时候，你的事件句柄依然是一个平平无奇的函数，只不过多了一个参数……但这个参数是事件参数！你可以写下任何有效的标识符作为参数，我喜欢这么写不过是因为大家比较流行写这一个。如果你要写成下面这个样子，在技术上也没有错误：

```
function myEventHandler(isNyanCatReal) {
    // 函数内容
}
```

无论如何，事件参数指向的是事件对象，这个对象会作为触发事件的一部分输入到事件句柄中。这个事件对象包含了与被触发事件相关的一些属性，比如鼠标单击触发的事件对象，其属性与敲击键盘、加载页面、动画等触发的事件对象的属性是不一样的。大多数的事件会有自己特定的操作，你会需要用到这些操作，而事件对象是通往这些操作的唯一门路。

尽管不同的事件会最终造成不同的事件对象，但不同的事件对象依然有共同的属性。出现这些共同属性的原因是，不同的事件对象都是由最根本的Event类型派生而来。一些Event类型常用的属性如下：

1. currentTarget
2. target
3. preventDefault
4. stopPropagation
5. type

要完全理解这些属性的功能，我们需要对事件有更深的认识。但我们还没到这一步，所以只要知道这些属性的存在就可以了。在后面的章节我们很快会继续提到事件。

删除事件监听器

有的时候我们需要在元素上把监听器删除，删除的方法需要用到addEventListener的天敌，即removeEventListener 函数

```
something.removeEventListener(eventName, eventHandler, useCapture);
```

如你所见，该函数的参数在数量和类型都与addEventListener函数一样。原因很简单，当你在元素或对象中对事件进行监听时，JavaScript会用到addEventListener的事件名称、事件句柄以及**布尔值**来唯一地标识事件监听器。要删除监听器，你需要指定同样的参数。

下面是一个例子：

```
document.addEventListener("click", changeColor, false);
document.removeEventListener("click", changeColor, false);

function changeColor() {
    document.body.style.backgroundColor = "#FFC926";
}
```

我们在第一行所添加的事件监听器被第二行高亮的removeEventListener函数“中和”了。要注意，这两个函数的参数值必须一样。

本章小结

本章内容就是对事件进行介绍性讲解。要记住addEventListener可以添加一个函数作为事件句柄。这个事件句柄函数会在所要监听的事件触发后执行。虽然我们接触到了一些其他内容的皮毛，但是这些内容会在后面章节关于事件的进阶的例子中再进行详细讲解。

29

本章内容

- 了解事件是如何在 DOM 树中游历的
- 了解事件捕获和事件冒泡的区别
- 学习中断事件

事件冒泡与事件捕获

在前面一章我们学会了用addEventListener函数来监听你想要进行回应的事件。上一章节讲解了一些基本内容，但忽略了一个重要的细节——事件是如何触发的。事件并不是一个单独的影响因子，就像蝴蝶扇动翅膀，可能会带来地震、陨石甚至哥斯拉降临……总之，会产生连锁反应，并将影响到在它面前的一系列元素。

在本章，我将带上老学究的眼镜，戴上高顶礼帽，用一口英式口音讲解事件触发时所发生的一切。你将会学到事件所处的两个阶段、两个阶段的相关性以及如何更好地控制事件。

事件的“上升”以及事件的“下降”

为了更好地了解事件的运行机制，我们会把事件放在一个HTML的例子中来观察。以下是我们将会用到的HTML文件。

```
<!DOCTYPE html>
<html>

<head>
  <title>Events!</title>
</head>

<body id="theBody" class="item">
  <div id="one_a" class="item">
    <div id="two" class="item">
      <div id="three_a" class="item">
        <button id="buttonOne" class="item">one</button>
      </div>
      <div id="three_b" class="item">
        <button id="buttonTwo" class="item">two</button>
        <button id="buttonThree" class="item">three</button>
      </div>
    </div>
  </div>
  <div id="one_b" class="item">

  </div>
  <script>

  </script>
</body>

</html>
```

如你所见，这里头没有什么新鲜的内容。HTML的代码应当看起来直截了当（相比起来HTML这个名字本身就很扎眼而且拗口），而它的DOM属性结构也如图29.1所示。

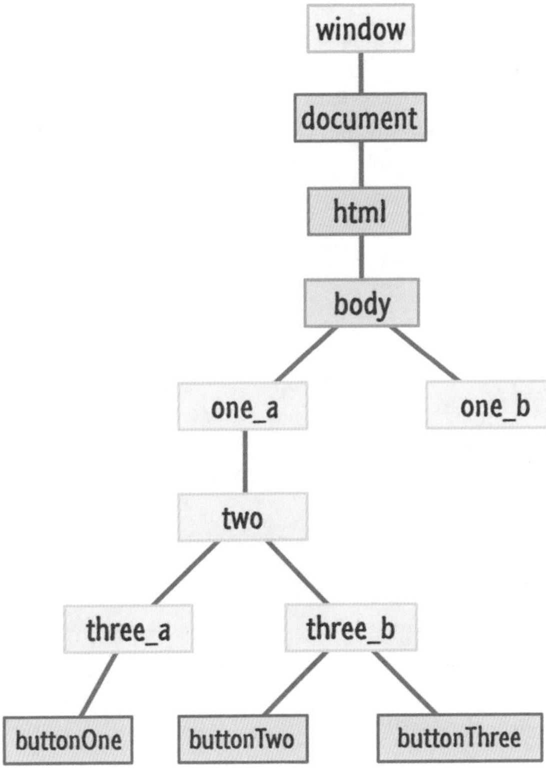

图 29.1

我们看到的标记的样子

在这里我们就要开始好好研究了。首先我们假设要单击**buttonOne**元素，然后“click”事件就触发了，这一点我们在之前的章节提到过。然而我在前面一章省略了一个有趣的点，那就是click这个事件是从哪里触发的。click事件（JavaScript中的其他事件也一样）并不是从你所交互的元素开始触发的，否则这部分内容就太简单了。

实际上事件是从文件的顶部开始的。

事件从顶部开始通过由DOM元素组成的狭小通道，最终到达被触发的事件元素**buttonOne**（这里buttonOne的正式名称叫**事件目标**）。

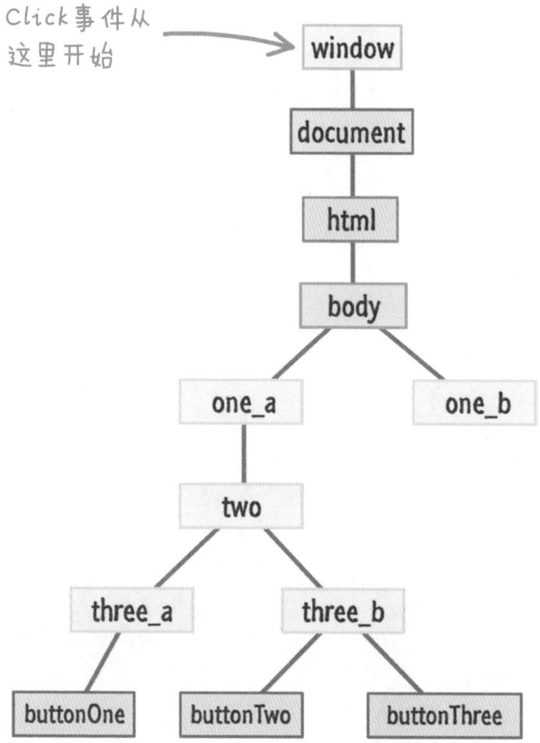
Click事件从
这里开始
window
document
html
body
one_a
one_b
two
three_a
three_b
buttonOne
buttonTwo
buttonThree

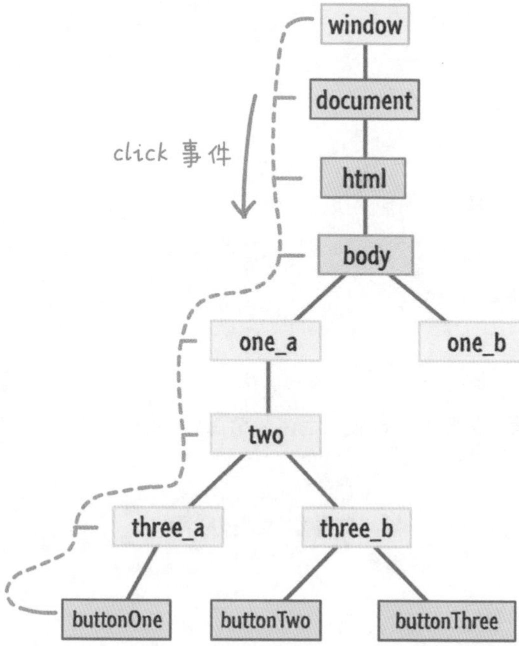
click 事件
window
document
html
body
one_a
one_b
two
three_a
three_b
buttonOne
buttonTwo
buttonThree

在下图中，事件的通道是一条路直走，然而很讨厌的一点是它要通知途中的每一个元素。也就是说如果你要在**body**、**one_a**、**two**或 **three_a**元素上监听click事件，与这些元素相联系的事件句柄就会被触发。这个重要的细节我们会在后面会再提到。

现在你的事件已经到了目标点，但是它还不会停下，就像某个电池公司（公司名字我就不说了）logo里的那只生猛的兔子一样，事件朝顶部往回走了：

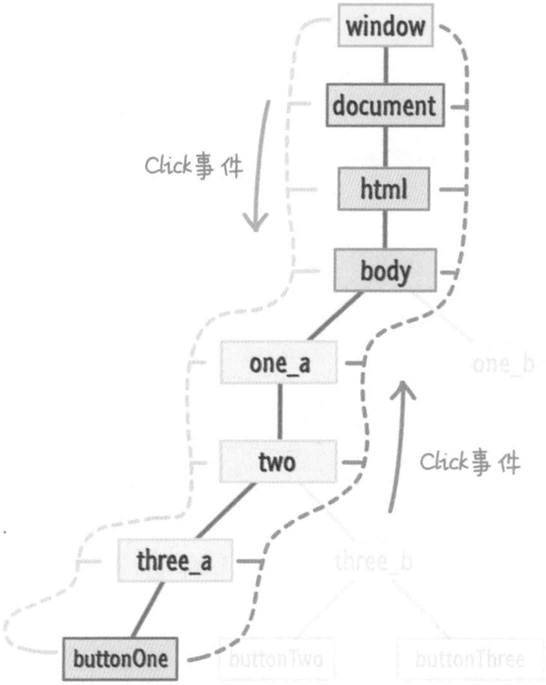

和之前一样，这个事件向途中的每一个元素告知了它的存在。

认识事件的阶段

需要注意的一点是，从DOM的哪一部分开始触发事件并不重要，因为事件总是从顶部开始，到达目标点，再回溯到顶部。整个过程是被规定得非常正式，所以我们就来看看这个过程的“正式”之处。

事件开始从DOM顶部到达最底部的这一阶段叫做**事件捕获阶段**：

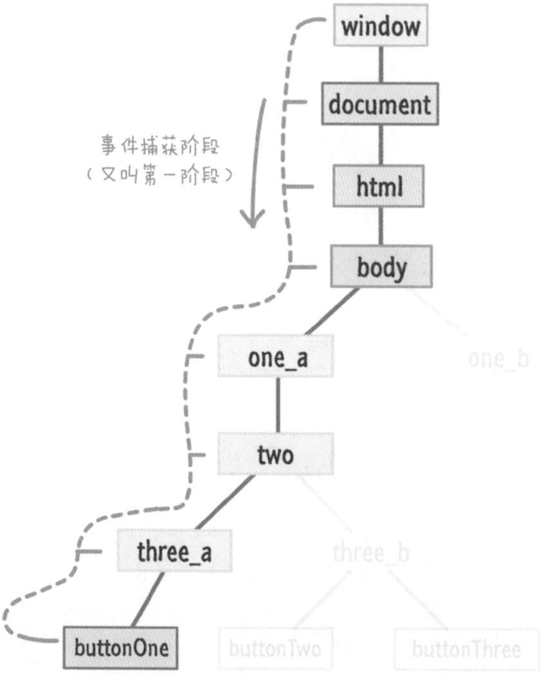

有时候也会叫做第一阶段，所以在查看与事件相关的文本时，要注意这两个术语的交替使用，这两个名字实际上指的是同一个事情。接下来就是事件从DOM底部到顶部的第二阶段，

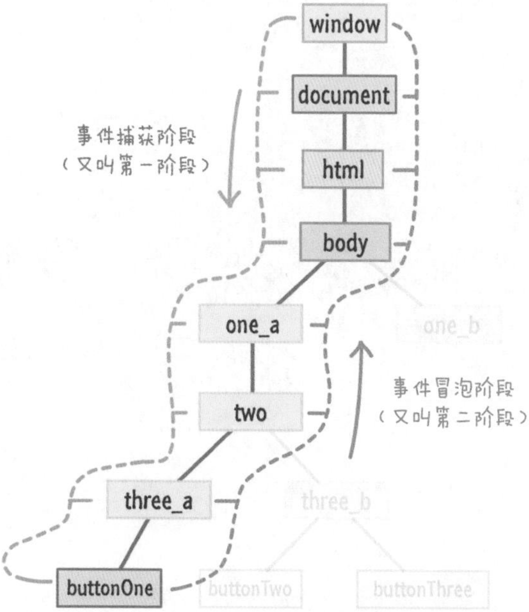

这一阶段又被称为**事件冒泡阶段**，事件像泡泡一样咕噜咕噜地往顶部冒上去。

无论如何，事件通道中的所有元素都非常幸运，因为事件触发的时候它们会被告知两次。这可能会影响到你编写代码，因为每当你要监听事件的时候，你要选择监听事件的哪一个阶段，是事件逐步从上往下的捕获阶段，还是从下往上回溯的冒泡阶段。

选择事件的阶段只需要一个细微的操作，在调用addEventListener函数的最后一个参数中输入**true**或**false** 即可：

```
item.addEventListener("click", doSomething, true);
```

如果你还记得的话，我在前面章节就提到过addEventListener函数的最后一个参数，这个参数决定了你是否在捕获阶段监听事件。如果参数为**true**则意味着你要在捕获阶段监听事件，如果为**false** 则是在冒泡阶段监听事件。

如果你想在捕获阶段和冒泡阶段同时监听事件，你可以按下面的方法来编写代码：

```
item.addEventListener("click", doSomething, true);
item.addEventListener("click", doSomething, false);
```

我不知道你会在什么时候需要这么做，但如果你曾经这么写过，你现在应该知道代码应该怎么写了。

如果不指定阶段

你可能会有一些叛逆的想法，如果不写第三个参数会怎么样?

```
item.addEventListener("click", doSomething);
```

如果你不指定第三个参数，函数会默认监听冒泡阶段，相当于输入了false。

很重要吗?

这个时候你可能会疑惑，这些内容有什么重要的吗？可能有长期监听事件经验的人也是第一次听说关于事件阶段的重要性。选择监听事件的哪个阶段和后续的操作基本没有关系，你很少会因为addEventListener函数的第三个参数选择错误而导致代码出错。

但其实还是会有一些特定情况需要了解并处理好捕获阶段和冒泡阶段的，在这些情况下如果没有处理好，你的代码就总会出问题，让你头疼不已。经过多年的经验，我总结了以下需要特别留意时间阶段的情况：

1. 在屏幕中拖动一个元素，即使元素脱离了光标也要能够继续拖动；
2. 嵌套菜单，当光标放在菜单上时会显示子菜单；
3. 在两个阶段都分别有大量的事件句柄，而你只想在冒泡阶段或捕获阶段中触发一个阶段的事件句柄；
4. 第三方库有自己的事件逻辑，而我们想要绕开这个逻辑进行自定义行为的时候；
5. 你希望重写内置或默认的浏览器行为，例如单击滚动条会锁定当前的文本区域。

在我多年的JavaScript工作经验中，这五种情况是所能想到的需要注意事件阶段的情况。其实也就最近几年才会有这种问题的考虑，因为之前浏览器还不能支持这么多事件阶段的处理。

事件中断

在说到哥斯拉以前我们还要讲一下如何阻止事件的继续发生。事件并不是一定要过完它从出现到结束的完整一生，必要的时候可以中断事件的生命周期。

要结束某个事件，你需要在event对象中用到stopPropagation 方法：

```
function handleClick(e) {
    e.stopPropagation();

    // 做点什么
}
```

顾名思义（这个函数名称翻译过来就是“停止传播”），stopPropagation方法能够阻止事件当前的阶段。我们继续用之前的例子，假如我们要监听three_a元素的click事件，并且想要停止事件传播，那么代码的书写方式如下：

```
var theElement = document.querySelector("#three_a");
theElement.addEventListener("click", doSomething, true);

function doSomething(e) {
    e.stopPropagation();
}
```

当单击buttonOne时，我们的事件路径如下：

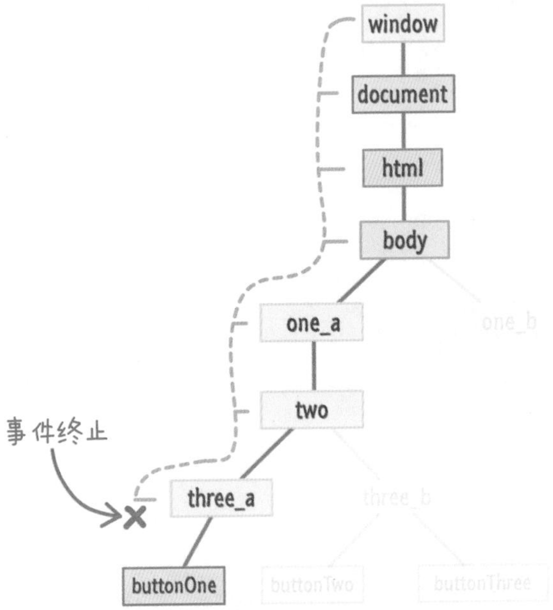

click事件会快速地从DOM树的最顶端开始往下，并通知路径上的每一个元素，最终到达**buttonOne**。由于**three_a** 元素正在捕获阶段监听click，所以此时事件句柄被调用：

```
function doSomething(e) {
    e.stopPropagation();
}
```

总的来说，被激活的事件句柄完全执行完毕以前，事件是不会继续往下走的。因为**three_a**的事件监听器是针对click事件做出反应的，所以事件句柄doSomething就被执行了，这时候的事件处于一个等待的状态，需要在事件句柄doSomething执行完毕且返回后事件才能继续往下。

然而在我们的例子中事件并不会继续往下走，因为doSomething函数中执行的是stopPropagation函数，就像一个黑帮分子一样，当场截杀了事件click。click事件再也无法到达**buttonOne**元素，更不用说回溯到DOM树的顶部了。真是闻者伤心听者落泪。

小贴士 在事件对象中还有一个不太好用的函数 preventDefault：

```
function overrideScrollBehavior(e) {

    e.preventDefault();

    // 做些什么
}
```

这个函数的功能有点儿神秘。许多 HTML 元素会在交互的时候进行一些默认的行为。比如说单击文本框时会聚焦于文本并且带有一个闪烁的文本光标，这时滑动鼠标滚轮，文本页面会随着滚动方向进行滚动，在复选框中勾选会切换选中和未选中的状态。这些都是浏览器内置的对事件的默认回应。

如果你想要把默认行为关闭，可以调用 preventDefault 函数。这个函数需要在对某元素上的事件做出反应时调用，调用之后即可忽略你所要关闭的元素的默认行为。

本章小结

本章节的内容学习后感觉怎么样呢？尤其是关于事件捕获和事件冒泡两个阶段的内容。要掌握这些知识的最好办法就是编写代码，看看事件是如何在DOM中游历的。

下面的例子是和我们刚才一直看到的DOM树有关的：

```
<!DOCTYPE html>
<html>
<body id="theBody" class="item">
    <div id="one_a" class="item">
        <div id="two" class="item">
            <div id="three_a" class="item">
                <button id="buttonOne" class="item">one</button>
            </div>
```

```
            <div id="three_b" class="item">
                <button id="buttonTwo" class="item">two</button>
                <button id="buttonThree" class="item">three</button>
            </div>
        </div>
    </div>
    <div id="one_b" class="item">

    </div>

    <script>
        var items = document.querySelectorAll(".item");

        for (var i = 0; i < items.length; i++) {
            var el = items[i];

            //捕获阶段
            el.addEventListener("click", doSomething, true);
            //冒泡阶段
            el.addEventListener("click", doSomething, false);
        }

        function doSomething(e) {
            console.log(e.currentTarget.id);
        }
    </script>
</body>
</html>
```

如果用这段HTML代码在浏览器中预览，你会看到三个按钮。点击**buttonOne**并查看浏览器控制台，你会看到click 事件从开始到结束记录下来的内容：

- theBody

- one_a
- two
- three_a
- buttonOne
- buttonOne
- three_a
- two
- one_a
- theBody

这时候再看一遍DOM树，你会发现上面正是click事件传播经历元素的顺序（每一个元素都由currentTarget属性表示）。

30

本章内容

- 学会使用各种鼠标事件对鼠标监听
- 理解 MouseEvent 对象
- 了解鼠标滚轮的处理

鼠标事件

鼠标是人们最常用的与电脑交互的设备之一，如图30.1所示。

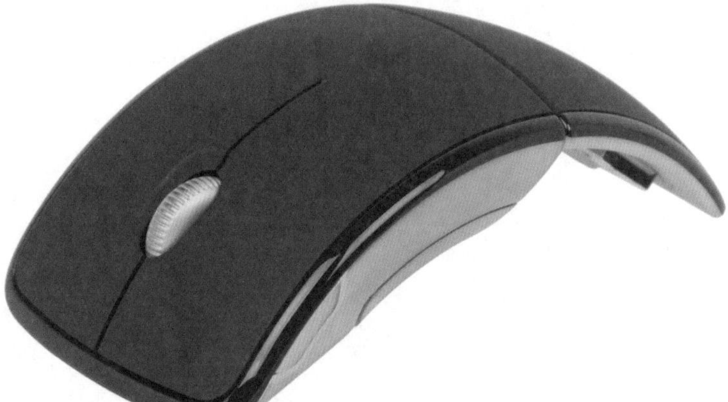

图 30.1

带鼠字的东西，可能猫也喜欢

只需要移动和单击，这个神奇的设备就可以让你完成大量的操作。不过鼠标这种东西，对于用户来说是一回事，对开发人员而言让代码和鼠标一起工作是另一回事。而后者正是我们本章的内容。

认识鼠标事件

在JavaScript中，处理鼠标的主要方式是通过事件。鼠标事件非常多，我们在这里不会每一个都介绍，而是专注于最酷、最常用的几个：

- click
- dblclick
- mouseover
- mouseout
- mouseenter
- mouseleave
- mousedown
- mouseup
- mousemove
- contextmenu
- mousewheel and DOMMouseScroll

从这些事件的名称大概可以知道它们的涵义，但是我们不会就这样理所当然地把名字摆在上面，而是会在接下来的小节中进行逐一详细讲解。不过我要事先提醒一下，学习以上内容可是非常枯燥的。

单击和双击

我们从最常用的鼠标事件——click事件开始说起。当鼠标在元素上单击时会触发click事件。要以一种不涉及将描述的内容作为描述的一部分的方式说明这一点，当你在某个元素上按下鼠标左键，然后在该元素上释放该按钮时，将触发click事件。

下面是一张可有可无的示意图：

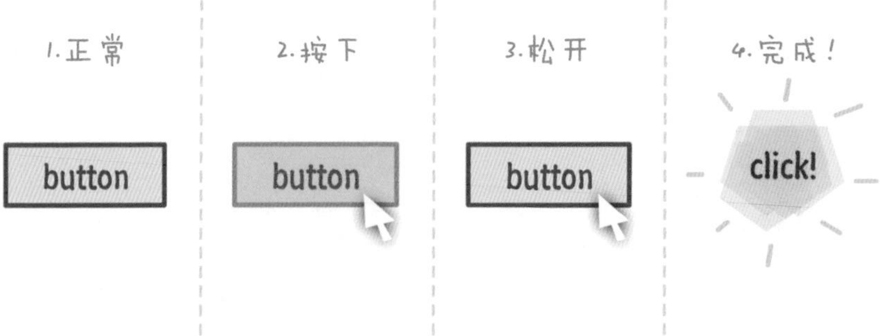

我们之前已经见过几次单击事件了，但这并不够。我们来看下面这个例子：

```
var button = document.querySelector("#myButton");
button.addEventListener("click", doSomething, false);

function doSomething(e) {
    console.log("Mouse clicked on something!");
}
```

监听click事件和监听其他事件一样，所以我不需要在细节以及addEventListener函数上进行无聊地讲解，但是在这里我们有必要讲一下dblclick 事件。

要触发dblclick事件，需要快速单击鼠标左键两下，与之对应的代码如下：

```
var button = document.querySelector("#myButton");
button.addEventListener("dblclick", doSomething, false);

function doSomething(e) {
    console.log("Mouse clicked on something...twice!");
}
```

两次单击鼠标的时间间隔多短才能算是一次双击，这取决于运行代码的操作系统的设定，这既不是浏览器能决定的，也不是我们能在JavaScript中定义（或读取）的。

不要两个一起上

如果你正好在同一个元素上监听click和dblclick事件，当你在元素上双击时，句柄会被调用三次。首先是双击中每一次单击会触发一次click事件，最后双击本身会触发一次dblclick事件。

鼠标停留与鼠标移开

经典的鼠标停留和鼠标移开分别对应mouseover 和mouseout 事件：

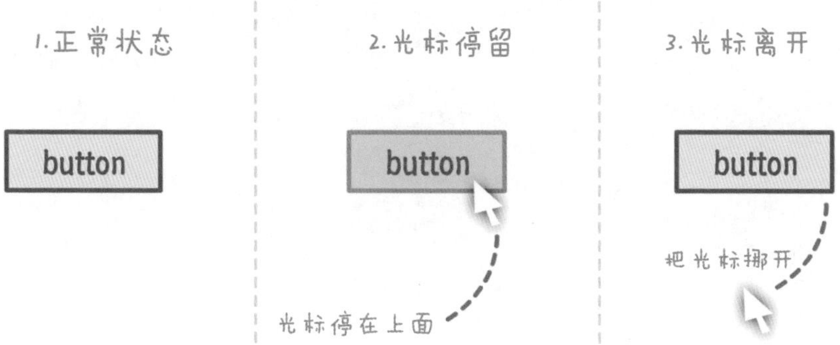

以下是两个事件对应的代码：

```
var button = document.querySelector("#myButton");
button.addEventListener("mouseover", hovered, false);
button.addEventListener("mouseout", hoveredOut, false);

function hovered(e) {
    console.log("Hovered!");
}

function hoveredOut(e) {
    console.log("Hovered Away!");
```

```
}
```

关于这两个事件的内容就这么多。总的来说这两个事件非常无聊……但你现在应该发现了，它们在作为编程概念的时候就是好东西。

另外一对比较像的事件

我们之前看到的两个事件（mouseover和mouseout）是关于鼠标盘旋在元素上方和移开鼠标的事件。其实我们还有一对事件功能与上述事件类似，它们分别是mouseenter和mouse-leave。需要注意的是，mouseenter和 mouseleave的独特之处在于，它们不存在冒泡阶段。

当我们要监听的元素包含有子元素时，这一点就非常重要。在没有子元素时，这两对事件的功能是一样的。如果元素中包含子元素：

- 将鼠标放在子元素上或在子元素上移开鼠标时都会触发mouseover和mouseout。这意味着，即使看起来你只是在一块小区域移动鼠标，也会看到许多没必要触发的事件被触发了。
- 而mouseenter 和mouseleave则只会触发一次，无论鼠标事件经过了多少个子元素。

在90%的情况下，用mouseove或mouseout都是可以的。在遇到稍微复杂一些的UI时，你会希望使用不包含冒泡阶段的mouseenter和mouseleave。

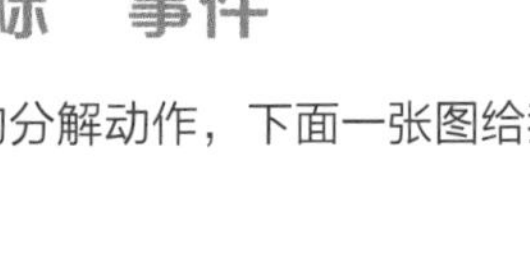

和 click 非常像的“按下鼠标”和“放开鼠标”事件

mousedown和mouseup这两个事件相当于是click的分解动作，下面一张图给我们做了很好地阐释。

当按下鼠标左键时就触发了mousedown 事件，松开鼠标时就触发了mouseup 事件。如果按下鼠标和松开鼠标是在同一个元素中进行的，那么还会触发click事件。

以上所述对应的代码如下：

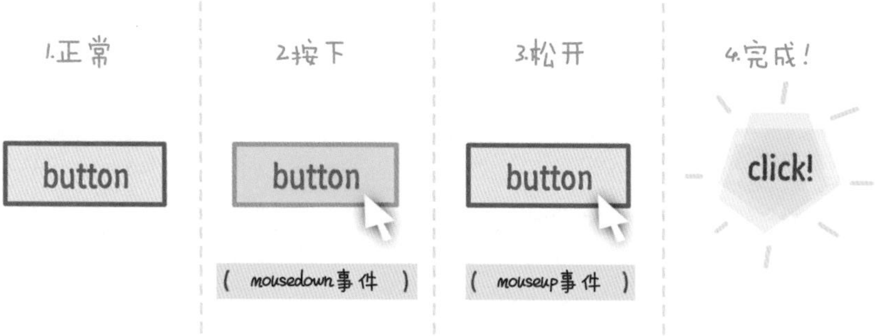


```
var button = document.querySelector("#myButton");
button.addEventListener("mousedown", mousePressed, false);
button.addEventListener("mouseup", mouseReleased, false);
button.addEventListener("click", mouseClicked, false);

function mousePressed(e) {
    console.log("Mouse is down!");
}

function mouseReleased(e) {
    console.log("Mouse is up!");
}

function mouseClicked(e) {
    console.log("Mouse is clicked!");
}
```

你可能会疑惑，为什么要折腾出这两个事件呢？似乎用click事件可以应用于大部分情况。如果为了这个问题弄得你辗转反侧夜不能寐，那么我会回答你：因为这两个事件很重要！再进一步解释就是mousedown和mouseup事件能够在你需要的时候让你更好地掌控事件的触发。一些交互（例如拖曳或者像一些游戏里通过按住鼠标持续发射毁灭闪电之类的）需要设置为在mousedown事件时发生，而在mouseup事件时则不发生。

一直会被监听到的事件

我们将碰到最“啰嗦”的事件，即mousemove事件。只要你的鼠标在被监听的元素上移动，这个事件就会被不断地触发：

下面是与mousemove对应的代码：

```
var button = document.querySelector("#myButton");
button.addEventListener("mousemove", mouseIsMoving, false);

function mouseIsMoving(e) {
    console.log("Mouse is on the run!");
}
```

你的浏览器控制着mousemove事件触发的频率，而你的鼠标只要移动一个像素格，事件就会被触发。这个事件在许多交互的场景中使用，比如在需要跟踪鼠标当前位置的时候，就会用到mousemove事件。

右键菜单

最后一个与鼠标相关的事件叫做contextmenu。你可能知道，一般在不同的应用中右键单击时，都会弹出一个菜单。

这个菜单一般叫做右键菜单，contextmenu 事件触发于菜单出现之前。

现在你可能会疑惑为什么要写这样一个事件。事实上，监听这个事件的主要目的是为了让你在单击右键、使用键盘的菜单键或快捷键的时候不要弹出右键菜单。

下面的例子为**阻止默认出现右键菜单**的方法：

```
document.addEventListener("contextmenu", hideMenu, false);

function hideMenu(e) {
    e.preventDefault();
}
```

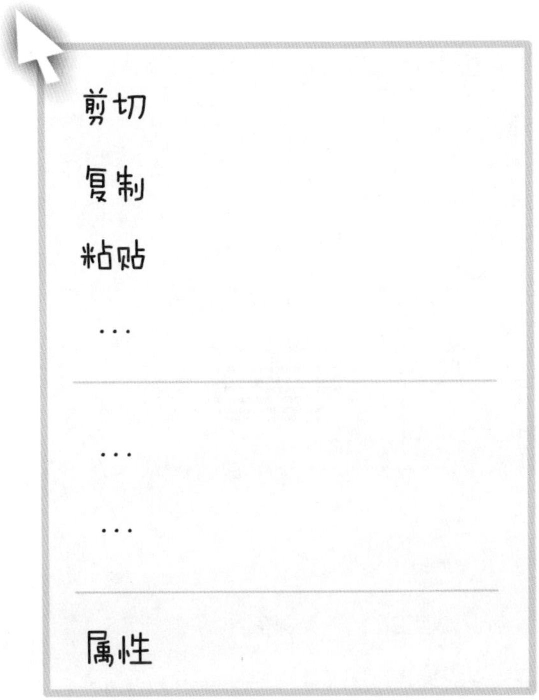

任何事件对象类型中的preventDefault属性都可以阻止默认行为的发生。由于contextmenu事件是在菜单出现以前触发的，在事件上调用preventDefault则可以阻止菜单的出现，这样一来，默认出现的菜单就不会出现了。是的，关于这个属性我又啰嗦了一遍，毕竟这本书是按字数给稿费的。

其实我还能想出上万种不需要用到事件的方法来阻止右键菜单的弹出，不过毕竟是这一个章节的内容，需要一些应景的内容嘛。

MouseEvent 属性

我们再进一步展开。目前我们认识的所有的鼠标事件都是以MouseEvent为基础的。这是很容易被忽略的内容，然而这一次，这个细节非常重要，因为MouseEvent中有大量的属性，这些属性可以让鼠标事件处理地更加简单。我们来看一些MouseEvent属性的例子。

鼠标在屏幕中的位置

screenX和screenY属性可以返回光标到主屏幕左上方位置的坐标。

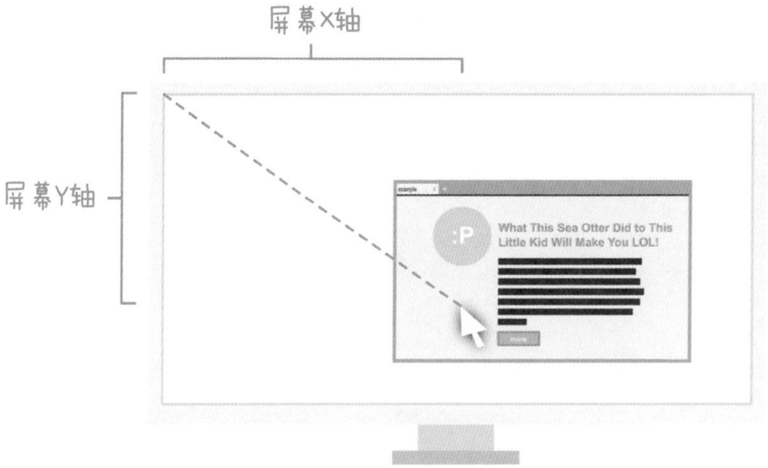

以下是关于screenX 和 screenY如何工作的一个例子：

```
document.addEventListener("mousemove", mouseMoving, false);

function mouseMoving(e) {
    console.log(e.screenX + " " + e.screenY);
}
```

无论是在页面的外边距、内边距、偏移量还是在框架内，这个函数的值最终返回的都是光标到主屏幕左上角的距离。

鼠标在浏览器内的位置

clientX和clientY属性返回的是鼠标到浏览器左上角的x轴坐标和y轴坐标。

这个函数的代码和之前的例子几乎一样：

```
var button = document.querySelector("#myButton");
button.addEventListener("mousemove", mouseMoving, false);

function mouseMoving(e) {
    console.log(e.clientX + " " + e.clientY);
}
```

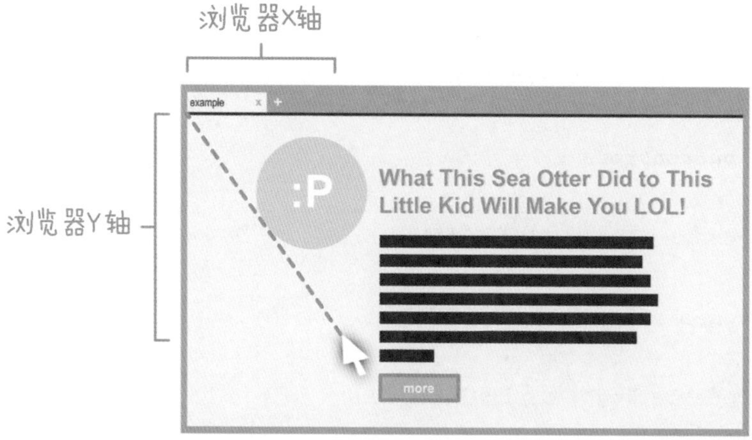

只需要以事件对象为参数输入到事件句柄中，并在事件对象参数中调用clientX和clientY属性，就可以获得位置的值。

检测单击了哪一个按键

你的鼠标一般都有多个按键，一般来说鼠标按键包括左键、右键和中键（即鼠标滚轮）。要检测我们单击了哪个按键，需要用到button属性。若单击的是鼠标左键，这个属性返回0，若单击鼠标中键则返回1，单击右键则返回2。

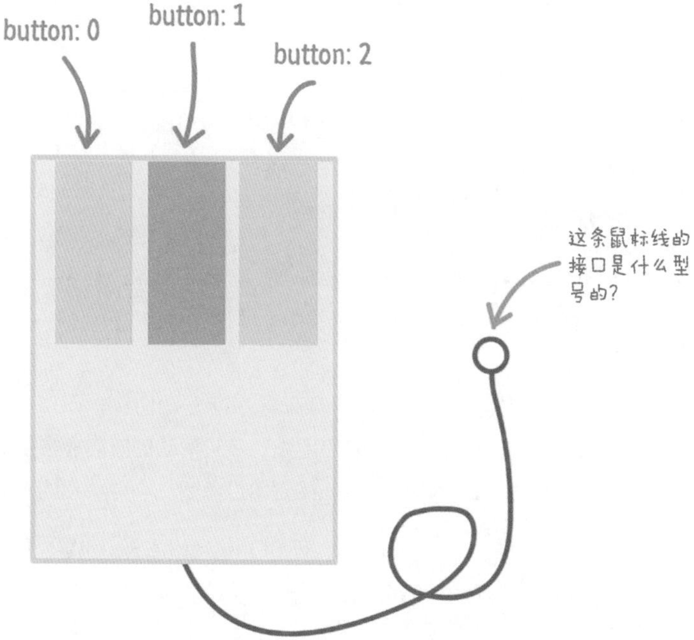

运用button属性检测按键单击的代码如下：

```
document.addEventListener("mousedown", buttonPress, false);

function buttonPress(e) {
    if (e.button == 0) {
        console.log("鼠标左键被单击！");
    } else if (e.button == 1) {
        console.log("鼠标中键被单击！");
    } else if (e.button == 2) {
        console.log("鼠标右键被单击！");
    } else {
        console.log("这是撞鬼了吧！！！");
    }
}
```

除了button属性以外，我们还有buttons和which属性能够帮助你检测被单击的鼠标按键。这两个属性我并不打算在此进行讲解，只要知道有这两个属性就行。如果想要了解更多可以直接上网搜索。

关于鼠标滚轮的处理

鼠标滚轮与之前提到的事件相比有点特殊，最大的特殊点在于滚轮本身不是按键产生的事件。其次，处理鼠标滚轮的事件有两个，一个是用于IE和Chrome的mousewheel事件，另一个是用于火狐的DOMMouseScroll事件。

监听鼠标滚轮事件的方式是一样的：

```
document.addEventListener("mousewheel", mouseWheeling, false);
document.addEventListener("DOMMouseScroll", mouseWheeling,
false);
```

后面的内容则比较有趣。我们知道，当滚轮向任意方向滚动时，mousewheel和DOMMouseScroll事件就会触发。在实际的代码应用中，滚轮滑动的方向非常重要。为了得到滚轮滑动的方向，我们需要深入探索事件句柄，找到事件参数。

mousewheel事件的事件参数为wheelDelta，在DOMMouseScroll事件则为detail属性。这两个属性的共同点为，鼠标滚轮的滑动方向决定了属性返回值的正负，滑动方向改变，值也会改变。需要注意的是，滚轮向同一个方向滑动，两个属性返回的值不同。wheelDelta属性中，当滚轮向上滑动时返回正数，向下滑动时返回负数。对于DOM-MouseScroll 的detail属性则正好相反，向上滚动时为负数，向下滚动时为正数。

处理wheelDelta和detail的矛盾非常简单，就像下面的这段代码：

```
function mouseWheeling(e) {
    var scrollDirection = e.wheelDelta || -1 * e.detail;

    if (scrollDirection > 0) {
        console.log("Scrolling up! " + scrollDirection);
    } else {
        console.log("Scrolling down! " + scrollDirection);
    }
}
```

scrollDirection变量储存的值包含在wheelData或detail属性中。根据值的正负我们可以进行适当地调整。

本章小结

通常来讲，只要懂得如何处理一种事件，就能掌握其他事件的处理方法，需要知道的是哪一个事件与你所要尝试的行为进行了回应。鼠标事件非常适合作为事件处理的入门，因为鼠标事件的处理非常简单，而且所学内容可以应用在我们自己创建的所有的应用中。

31

本章内容

- 监听和回应键盘事件
- 学会处理各种键盘相关的事件
- 从例子中观察一般键盘事件的运作

键盘事件

在使用电脑的过程中，我们花了很多时间在敲键盘上。为了防止真的有人没见过键盘长什么样，我在图31.1中放了一张老古董键盘的照片。

图 31.1

这大概是某个博物馆馆藏的键盘

我们的电脑（具体来说是电脑中的应用）似乎天生就知道如何对键盘按键进行反应，我们也没有仔细思考过这个问题。有时候，我们的工作要求我们去思考这背后的原理，甚至是要亲自动手来处理应用与键盘的关系，让键盘能够运行得当。本章内容非常密集，所以一定要集中精力阅读！

在本章结束之前，你将学会如何监听键盘事件，每一个事件的工作原理，以及通过一些案例学会一些方便的技巧。

那我们就开始吧！

认识键盘事件

在HTML文件中，我们需要熟悉三种键盘事件，它们分别为：

- keydown
- keypress
- keyup

从事件的名称上来看，我们大概能够知道这些事件的作用。当按下某个按键时触发keydown事件，松开按下的某个按键时触发keyup事件。这两个按键可以对任何进行交互的按键使用。

Keypress相对比较特殊。第一眼看上去，这个事件似乎只要按下任意一个键就能触发。然而keypress只能对表示字符（即数字、字母等）的按键才有用。这意味着有些混乱，但它有自己扭曲的意义。

如果你按下并松开了一个字母键**y**，你会看到keydown、keypress和keyup事件相继触发。keydown和keyup触发是因为y键只是一个普通的按键；keypress触发是因为它是一个字符键。如果你按下并松开的是一个不会在屏幕上显示内容的按键（例如空格键、方向键、功能键），那么触发的事件只有keydown 和keyup。

这种差别很细微，但是在应用监听按键的时候非常重要。

可能你会觉得……

一个叫做keypress的事件不能让所有的按键都进行触发，这种情况有点奇怪，可能这个事件应该改名叫characterkeypress。但现实就是这样，我们也无法改变嘛。

运用这些事件

监听keydown、 keypress和keyup事件的方法和监听其他事件的方法是类似的。在需要处理该事件的元素上添加addEventListener函数，指定你所要监听的事件，并指定在监听到函数后的处理方式，添加**true**或**false**值来决定是否要让事件冒泡。

这是我在window对象中监听三个键盘事件的例子：

```
window.addEventListener("keydown", dealWithKeyboard, false);
window.addEventListener("keypress", dealWithKeyboard, false);
```

```
window.addEventListener("keyup", dealWithKeyboard, false);

function dealWithKeyboard(e) {
    // 任何键盘事件被监听到后都会被调用
}
```

如果任意一个事件被监听到，那么dealWithKeyboard就会被调用。事实上，如果在敲击一个字符键，事件句柄会被调用三次。这些内容都还算简单明了，那么下面几个小节的内容都会在这些基础上进行深入。

键盘事件属性

当事件句柄被调用时，Keyboard事件就会作为参数被输入。我们回顾一下事件句柄dealWithKeyboard函数。在这个函数中的参数为e代表的就是键盘事件：

```
function dealWithKeyboard(e) {
    // 任何键盘事件被监听到后都会被调用
}
```

这个参数包含有许多属性：

- keyCode

你在键盘上敲击的每个键都有对应的数字。这个只读的属性会返回按键对应的数字。

- charCode

这个属性只在keypress事件返回的事件参数时存在，它所返回的是所敲击的字符键的ASCII码。

- ctrlKey、altKey或shiftKey

这三个属性分别会在敲击Ctrl、Alt或Shift键时返回**true**值。

- metaKey

metaKey属性与ctrlKey、altKey和shiftKey属性类似，会在敲击Meta键后返回**true**值。在Windows系统Meta键即为Windows键，在苹果系统则为Command键。

Keyboard还包含有其他属性，但是上面所看到的属性就是最有趣的几个了。有了这些属性，就可以检测我们按了那个键并作出相应的回应了。在下面的几个小节，我们将会看到一些例子。

注意 目前 charCode 和 keyCode 属性已经被 W3C 制定网页标准的人弃用了。目前替代这两个属性的是不被受到支持的 code 属性。一定要留意这一点，在 charCode 和 keyCode 有了“合法继承人”以后要随时准备好更新代码。

一些例子

之前我们看了很多无聊的基础知识，下面我们就用一些例子来理清（当然也有可能会弄糊涂）我们之前所学的内容吧。

检查是否敲击了某个键

下面的例子是用keyCode 属性检测某一个键是否被敲击：

```
window.addEventListener("keydown", checkKeyPressed, false);

function checkKeyPressed(e) {
    if (e.keyCode == "65") {
        console.log("The 'a' key is pressed.");
    }
}
```

所要检测的那个键是**a**键。这个键所对应的keyCode的值正好是**65**。如果你一时无法记住所有按键对应的数字，我们可以看下面这个链接并做出一张表来：**http://bit.ly/kirupaKeyCode**。我们不需要记住列表中的每一个字母对应的数字，因为我们的记忆还有更大的用处。

有些事情需要注意一下。首先，同一个键的charCode和keyCode的值不一样，其次，charCode的值只有在keypress事件的事件句柄中才能使用。在我们的例子中，keydown事件并不会包含任何对charCode属性有用的东西。

如果你要用keypress 事件检测按键的charCode，以下是一个示范的案例：

```
window.addEventListener("keypress", checkKeyPressed, false);

function checkKeyPressed(e) {
    if (e.charCode == 97) {
        alert("The 'a' key is pressed.");
    }
```

```
}
```

a键的charCode值为97。这时候我们再一次查询按键字符和字符对应的数字。

在敲击方向键时进行某项操作

这个操作经常在游戏中看到，当你按下方向键时就会做出有趣的操作。下面的这段代码告诉我们这种操作是如何实现的：

```
window.addEventListener("keydown", moveSomething, false);

function moveSomething(e) {
    switch(e.keyCode) {
        case 37:
            // 按下左键
            break;
        case 38:
            // 按下上键
            break;
        case 39:
            // 按下右键
            break;
        case 40:
            // 按下下键
            break;
    }
}
```

这段内容依然十分简单明了。同时这也是我们很久很久以前在**第4章 条件语句：IF、ELSE以及SWITCH语句**中学到的switch语句的一次应用。

检测多个按键敲击

下面的内容就复杂了！下面这个有趣的案例是关于如何对敲击的多个按键进行检测。这段代码给我们展示了如何实现这样的操作：

```
window.addEventListener("keydown", keysPressed, false);
window.addEventListener("keyup", keysReleased, false);
```

```
var keys = [];

function keysPressed(e) {
    // 储存每个已敲击的按键
    keys[e.keyCode] = true;

    // Ctrl + Shift + 5
    if (keys[17] && keys[16] && keys[53]) {
        // 做点什么
    }

    // Ctrl + f
    if (keys[17] && keys[70]) {
        // 做点什么

        // 阻止浏览器的默认行为
        e.preventDefault();
    }
}

function keysReleased(e) {
    // 标记松开的按键
    keys[e.keyCode] = false;
}
```

如果要仔细介绍的话恐怕还需要一个章节的长度，所以我们快速地了解一下这段代码是如何运行的。

首先，我们创建一个keys列表来储存按下的每一个按键：

```
var keys = [];
```

按键被按下后，事件句柄keysPressed会被调用：

```
function keysPressed(e) {
    // 储存每个已敲击的按键
    keys[e.keyCode] = true;
}
```

当一个键松开后，事件句柄keysReleased被调用：

```
function keysReleased(e) {
    // 标记松开的按键
    keys[e.keyCode] = false;
}
```

注意这两个事件句柄是如何互相作用的。按键按下后，在keys列表中创建了被按键的条目，列表布尔值为**true**。按键松开后，同样的按键就会被标记为**false**。key列表中的条目并不重要，重要的是列表本身的布尔值。

既然没有弹出窗口打断事件句柄适时的调用，那么按下的按键和松开的按键正好可以一一对应，也就是说，实现检测多个按键的敲击是在keysPressed事件的事件句柄中完成的。以下高亮的一行展示的正是其运行的方式。

当某个按键松开后，keysReleased 事件的事件句柄被调用：

```
function keysPressed(e) {
    // 储存每个已敲击的按键
    keys[e.keyCode] = true;

    // Ctrl + Shift + 5
    if (keys[17] && keys[16] && keys[53]) {
        // 做点什么
    }

    // Ctrl + f
    if (keys[17] && keys[70]) {
        // 做点什么

        // 阻止浏览器的默认行为
        e.preventDefault();
    }
}
```

需要注意的是，有时候一些组合键会触发浏览器去做一些事情，为了避免浏览器出现这种情况，在检测Ctrl + F组合键的时候我们需要用到preventDefault方法：

```
function keysPressed(e) {
```

```
        // 储存每个已敲击的按键
        keys[e.keyCode] = true;

        // Ctrl + Shift + 5
        if (keys[17] && keys[16] && keys[53]) {
            // 做点什么
        }

        // Ctrl + f
        if (keys[17] && keys[70]) {
            // 做点什么

            // 阻止浏览器的默认行为
            e.preventDefault();
        }
    }
```

preventDefault方法阻止了敲击按键触发浏览器的默认行为，在本例子中阻止的是Ctrl + F组合键打开搜索框的这一行为。不同的组合键会触发浏览器的不同功能，所以我们要时刻记得这个函数，在需要的时候随时能够阻止浏览器的反应。

现在我们把代码放在一起来看，心里大概就有一个关于如何检测敲击多个按键的方法了。

本章小结

当人们在处理像电脑这样的电子设备时，键盘非常重要。不过尽管我们知道其中的重要性，但通常不会亲自去处理键盘的问题，因为，浏览器内各种与文本相关的控制器和元素等就会默认地为你解决问题。不过在一些应用里我们还是需要亲自处理键盘的问题，这也是为什么你保存好这一章节的原因。

本章节从无聊的解释如何处理键盘事件开始，后面的内容逐渐变得有趣（希望如此），我们提到了一些常见的键盘事件的处理及代码案例。需要注意的是，我们所有的监听键盘事件都是在window对象中完成，但是并非只能在window元素中，也可以在任何DOM元素中监听，只要这个元素中会触发键盘事件。

32

本章内容

- 了解页面加载时所触发的事件
- 了解在页面加载时背后所发生的事情
- 学习 script 元素中控制代码运行时机的属性

页面加载事件及其他内容

处理JavaScript时很重要的一点就是代码的运行时机。编写代码并不是只要把代码往文件底下一放，等着页面加载完毕就可以一切运行良好这么简单。没错，本章我们要回顾**第9章 你的代码应该放在哪里?** 的内容。我们时常要添加一些额外的代码，以保证代码在网页就绪以前就开始运行，所以有的时候你甚至需要把代码放在文件的最顶部。

有许多因素会影响到所谓的代码运行的“正确时机”，在这一章节中会介绍这些因素，并将我们应该做的事情浓缩为几点指南。

那我们就开始吧！

页面加载时发生的事情

我们从最开始说起。当你单击某个链接或输入某个URL并回车后，页面就开始加载。从开始到结束，一切看起来都很简单，而且不花什么时间。

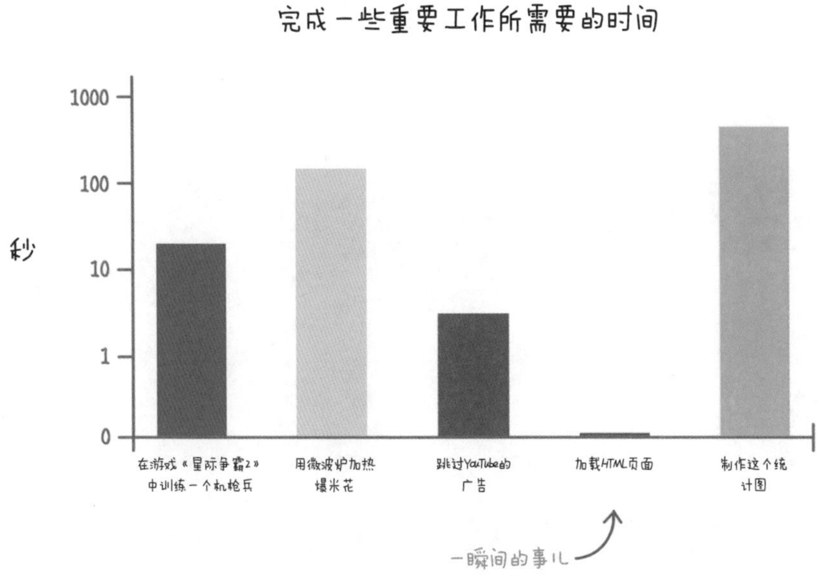

加载页面的这段时间里发生的一些有趣的事情需要我们留意一下。在这段时间发生的事情中，其中有一个就是运行代码。决定代码在特定时候运行需要结合以下几个因素，这些因素会在页面加载时出现：

- The DOMContentLoaded事件；
- The load事件；
- script元素的async属性；
- script元素的defer属性；
- 脚本在DOM中的位置。

不用担心你对上面的内容一无所知，我们很快就会学习到（有些是复习）这些东西都是些什么，以及在代码运行的这么短的时间里有什么作用。不过在讲解这些内容之前，我们还要先从页面加载的三个阶段开始说起。

阶段一

在第一阶段，你的浏览器正要开始加载新的网页：

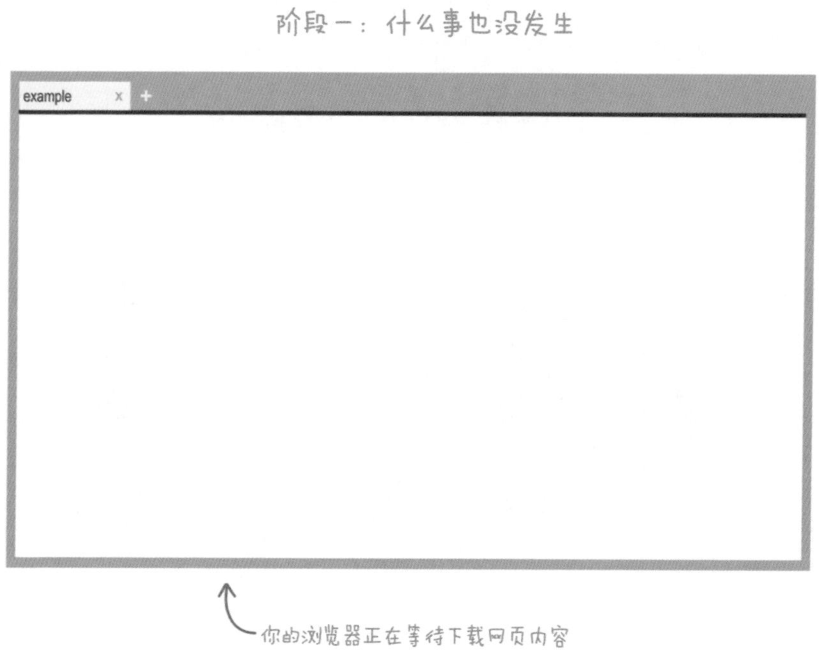
阶段一：什么事也没发生
example
你的浏览器正在等待下载网页内容

在这一阶段并没有什么特别需要注意的东西，我们获得了加载网页的请求，但是还没有下载任何内容。

阶段二

到第二阶段就刺激多了，一些粗略的标记和网页的DOM结构在这一阶段中会被加载和解析。

要注意的是，在这个阶段，图片、链接的样式表等外部资源还没有被解析，你只能看到页面/文件里标记中的内容。

阶段二：DOM就绪

阶段三

在第三阶段，我们的网页就完全加载所有的图片、样式表、脚本以及其他外部资源，大致会变成下图这个样子：

阶段三：网页完全加载完毕

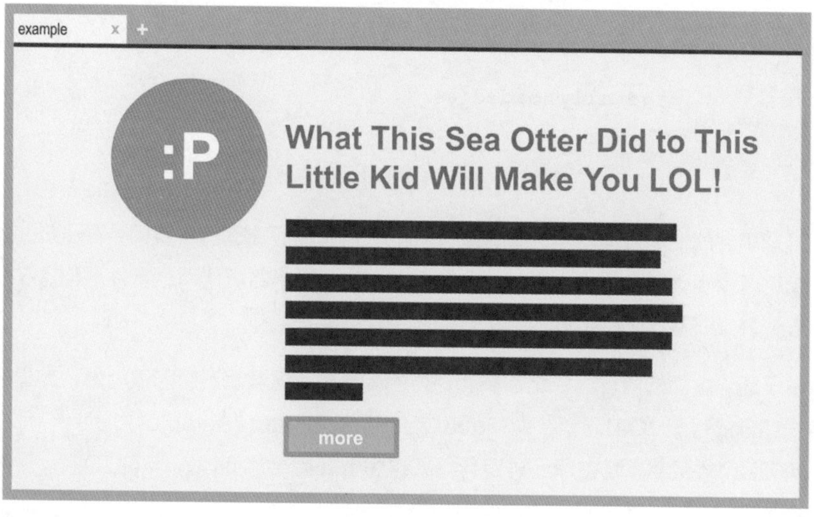

在这个阶段，你的浏览器加载指示器停止工作，同时这一阶段也是你一直在和HTML文件交互的一个阶段。也就是说，有时候你会处于一种页面加载了99%的内容，剩下一些随机的内容永远都处于加载中的状态。如果你浏览过viral/buzz/feedy这些网站，你就大概知道这是什么意思。

现在我们对加载网页的三个阶段有了基本的了解，接下来就要学习更有趣的内容。我们要时刻记住这三个阶段，因为在下面的内容会不断地提到这三个阶段。

DOMContentLoaded 和 load 事件

DOMContentLoaded和load事件分别代表了页面加载的两个重要阶段。DOMContentLoaded在DOM完全解析的第二阶段中触发，而load事件在网页完全加载的第三阶段触发。你可以用着两个事件来决定代码的运行事件。

以下是这些事件的代码片段：

```
document.addEventListener("DOMContentLoaded", theDomHasLoaded,
false);
window.addEventListener("load", pageFullyLoaded, false);

function theDomHasLoaded(e) {
    // 做点什么
}

function pageFullyLoaded(e) {
    // 继续做点什么
}
```

这些事件的使用方法和其他事件是一样的，但是需要注意的是我们要在document元素中监听这两个事件。从技术上讲，我们可以在别的元素上监听这两个事件，但是在页面加载的时候，最好还是在document元素上监听。

关于理论层面的内容已经足够多了，为什么要反复强调呢？原因很简单，如果你的代码中有一部分依赖于DOM元素，例如querySelector或querySelectorAll函数，那么你会想让代码在DOM完全加载完毕后再运行。如果想要在完全加载以前访问DOM，最终得到的结果会是不完全的，甚至根本不会返回结果。

Kyle Murray编写了一段非常典型的代码案例，这样一来你就不会忘记了：

```
<!DOCTYPE html>
<html>
<head>
  <script>
    // try to analyze the book's meaning here
  </script>
</head>

<body>
  [INSERT ENTIRE COPY OF /WAR AND PEACE/ HERE]
</body>

</html>
```

为了确保你的代码在DOM加载完毕后再运行，我们需要监听DOMContentLoaded事件，并且让所有依赖于DOM元素的代码在监听到事件以后才能运行：

```
document.addEventListener("DOMContentLoaded", theDomHasLoaded,
false);

function theDomHasLoaded(e) {
    var images = document.querySelectorAll("img");

    // 对图片进行处理
}
```

对于需要在页面加载完毕后再运行的代码，我们需要用到load事件。在我使用JavaScript的这些年里，除了测量加载完毕的图像的尺寸或者是创建一个简单的进度条以外，很少会在document中使用load事件。

脚本代码以及它们在 DOM 中的位置

在**第7章 变量作用域**中，我们讲到了可以将JavaScript代码放在不同的位置。我们提到过script元素在DOM的位置会影响它的运行，在本小节中还会重新强调这一点，并在此之上继续深入。

我们回顾一下，script元素可以嵌在一个网页文件中：

```
<script>
var number = Math.random() * 100;
alert("A random number is: " + number);
</script>
```

script元素也可以是引用外部文件的代码：

```
<script src="/foo/something.js"></script>
```

现在就要说到关于script元素的一些重要细节了，浏览器会从上到下依次解析你的DOM树，在这个路径上的script元素会按照它们在DOM中出现的顺序被浏览器解析。

下面是一个含有多个script元素的例子：

```
<!DOCTYPE html>
<html>
<body>
    <h1>Example</h1>
    <script>
        console.log("inline 1");
    </script>
    <script src="external1.js"></script>
    <script>
        console.log("inline 2");
    </script>
    <script src="external2.js"></script>
    <script>
        console.log("inline 3");
    </script>
</body>
</html>
```

这里的JavaScript代码既可以是嵌入的，也可以是从外部链接过来的。所有的JavaScript代码都会被一视同仁，按照出现在文件中的顺序依次运行。在上面的这个例子中，四个脚本代码的运行顺序是：**inline 1, external 1, inline 2, external 2**到**inline 3**。

现在，重点来了。由于DOM是从上而下被解析的，而你的script元素只能访问被解析了的DOM元素，而不能访问没有被解析的DOM元素，这是什么意思呢?

假设我们有一个script元素在网页文件的底端：

```
<!DOCTYPE html>
<html>
<body>
    <h1>Example</h1>

    <p>
        Quisque faucibus, quam sollicitudin pulvinar dignissim,
        nunc velit sodales leo, vel vehicula odio lectus vitae
        mauris. Sed sed magna augue. Vestibulum tristique cur-
        sus orci, accumsan posuere nunc congue sed. Ut pretium
        sit amet eros non consectetur. Quisque tincidunt eleif-
        end justo, quis molestie tellus venenatis non. Vivamus
        interdum urna ut augue rhoncus, eu scelerisque orci
        dignissim. In commodo purus id purus tempus commodo.
    </p>

    <button>Click Me</button>

    <script src="something.js"></script>
</body>
</html>
```

当something.js运行时，这个脚本代码就能够访问上面的h1、p和 button元素。如果你的script元素在文件的最顶端，那么这段代码就无法访问在它下面的DOM元素了：

```
<!DOCTYPE html>
<html>
<body>
    <script src="something.js"></script>

    <h1>Example</h1>

    <p>
        Quisque faucibus, quam sollicitudin pulvinar dignissim,
        nunc velit sodales leo, vel vehicula odio lectus vitae
        mauris. Sed sed magna augue. Vestibulum tristique cur-
        sus orci, accumsan posuere nunc congue sed. Ut pretium
        sit amet eros non consectetur. Quisque tincidunt eleif-
        end justo, quis molestie tellus venenatis non. Vivamus
```

```
        interdum urna ut augue rhoncus, eu scelerisque orci
        dignissim. In commodo purus id purus tempus commodo.
    </p>

    <button>Click Me</button>

</body>
</html>
```

将script元素放在网页文件的最下方，与让代码在监听到DOMContentLoaded 后执行所得到的结果是一样的。如果你能确保JavaScript代码能够在文件的最底部，那么我们可以不需要用到前面小节所说的监听DOMContentLoaded的方法。如果你想把script元素放在DOM的最上方，确保代码中需要依赖DOM元素运行的部分在DOMContentLoaded触发后运行。

尽管如此，我还是坚持将JavaScript代码放在DOM树的最底端。除了能够更好地访问DOM以外还有另外一点原因，当浏览器在解析JavaScript代码时，浏览器会停下其他的一切工作去执行该代码。这时候如果你的JavaScript代码过长或外部链接的JavaScript文件要花很长时间下载，你的HTML网页就会被冻结，此时的DOM可能只解析了一半。除了页面冻结以外，网页还会变得不完整，除非是在用Facebook，否则你可能不想让你的网页无端停止。

Script 元素——Async 和 Defer

在前面的小节中，我们解释了script元素在DOM中的位置是如何决定其运行时间的。不过这些内容只适用于我称之为“简单的”script元素的情况。对于不那么**简单**的情况，外部链接的script元素可以用defer和async属性来设置运行时间：

```
<script async src="myScript.js"></script>
<script defer src="somethingSomethingDarkSide.js"></script>
```

当JavaScript代码的运行与其在DOM的位置不冲突时，这两个属性是可以互换的。所以我们来看一下这两个属性不能互换的时候是什么样的情况。

async

async属性让代码能够异步运行：

```
<script async src="someRandomScript.js"></script>
```

回顾一下上一节的内容，如果一个script元素被解析，浏览器就会无法做出响应。通过在script元素中设定async属性，就可以避免这个问题。你的script元素可以在任何时候运行，但不会中断浏览器的工作。

这种功能对于运行代码而言确实非常好用，但是要意识到标记为async的代码并不总会按顺序执行。我们会看到被标记上async的代码并不会按照声明的顺序执行，所以这个属性只能保证async标记的脚本会在load触发以前的某个时间点执行。

defer

defer属性和async有点不同：

```
<script defer src="someRandomScript.js"></script>
```

defer标记的脚本会按照声明的顺序运行，但是这些脚本执行后紧接着就会触发DOM-ContentLoaded事件。我们看看下面这个例子：

```
<!DOCTYPE html>
<html>
<body>
    <h1>Example</h1>
    <script defer src="external3.js"></script>
    <script>
        console.log("inline 1");
    </script>
    <script src="external1.js"></script>
    <script>
        console.log("inline 2");
    </script>
    <script defer src="external2.js"></script>
    <script>
        console.log("inline 3");
    </script>
</body>
```

```
</html>
```

你的脚本会以inline 1, external 1, inline 2, inline 3, external 3到external 2的顺序运行。external 3和external 2的代码标记有defer属性，所以尽管这两段脚本声明在前面，但是它们会在最后执行。

本章小结

前面几个小节，我们学习了几个影响代码运行时间点的因素，下面这个图用色彩鲜明的线条和矩形对前面所学内容做了一个总结：

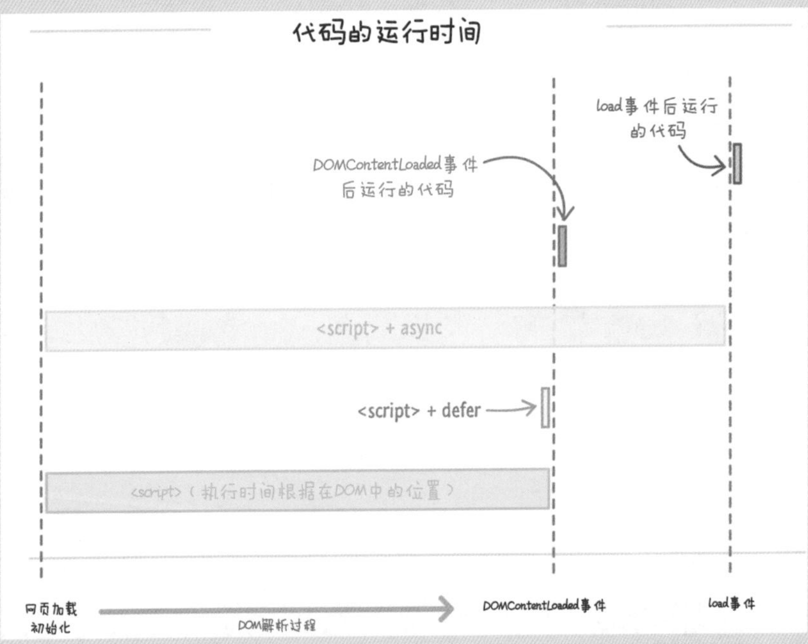

可能你一直就想要这张图。什么时候加载JavaScript最好呢？答案是：

1. 把脚本链接放在DOM最下方，并正好在body元素闭合之前。
2. 除非是要建立一个被他人使用的库，否则不要采用复杂的方法，用监听DOMContentLoaded或者load事件来决定JavaScript的运行时间。最好采用第1点的做法。

3. 引用外部文件的JavaScript代码前标记上async属性。
4. 如果你的代码不依赖于DOM是否加载完毕，并且作为文档中其他脚本代码的测试的一部分运行时，可以在将脚本代码放在网页最上方并标记上async属性。

就是这些。我认为以上这四点可以囊括90%的情况，使你的代码能够处于正确的位置。对于更复杂的情况，你应当参考第三方库，比如**require.js**，这个库可以让你更好地控制即将运行的代码。

33

本章内容

- 学会有效率地处理多事件
- 最后一次复习事件的工作原理

处理多个元素的事件

大多数情况下，事件监听器只处理一个元素中触发的事件。

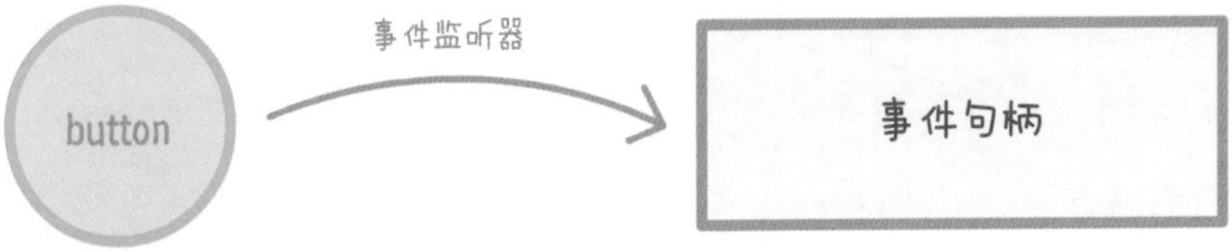

随着我们创建的东西越来越复杂，“一个事件句柄对应一个事件”这种一一对应的形式会逐渐暴露出它的局限性。这种局限性最常见的原因是，我们在使用JavaScript动态地创建元素，而这些元素可以触发一些我们想要监听和回应的事件，可能只有几个元素需要事件支持，也有可能有大量事件需要处理事件。

这时候你最不想要的就是下图这种情况：

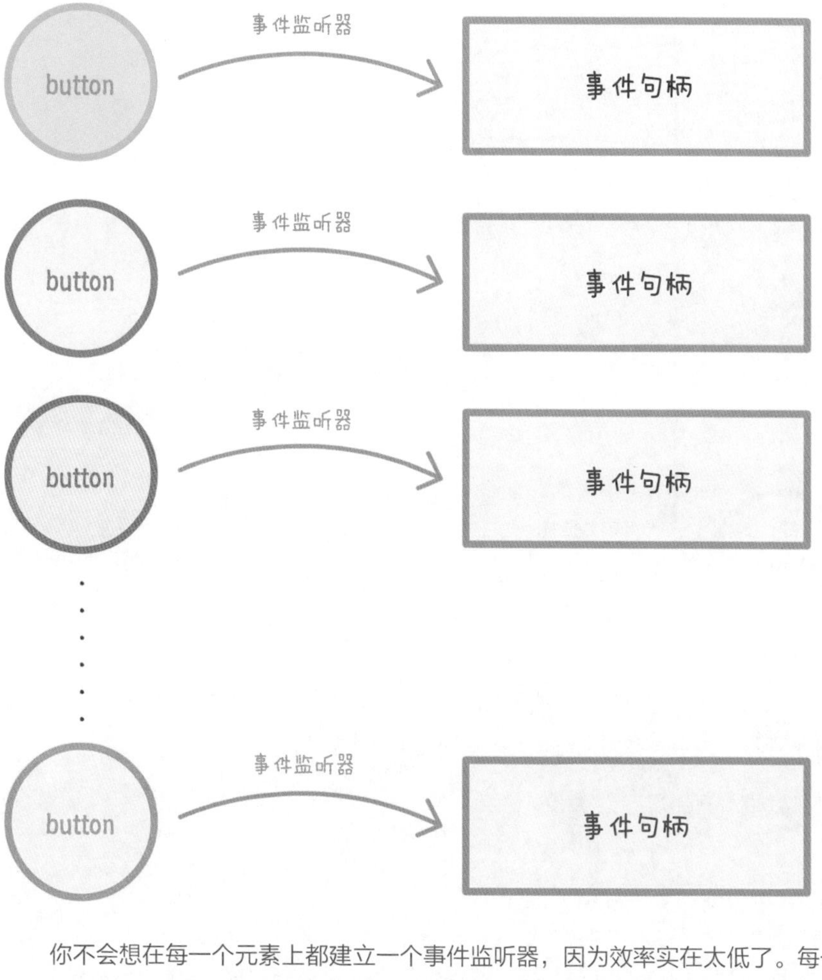

你不会想在每一个元素上都建立一个事件监听器，因为效率实在太低了。每一个元素都会带有事件监听器及其属性的数据，当网页内容多的时候，这些数据会非常占用内存使用率。你需要的是一个干净而快速的方法，以最少的赘余在多个元素上处理事件。所以你想要的应该是这种情况：

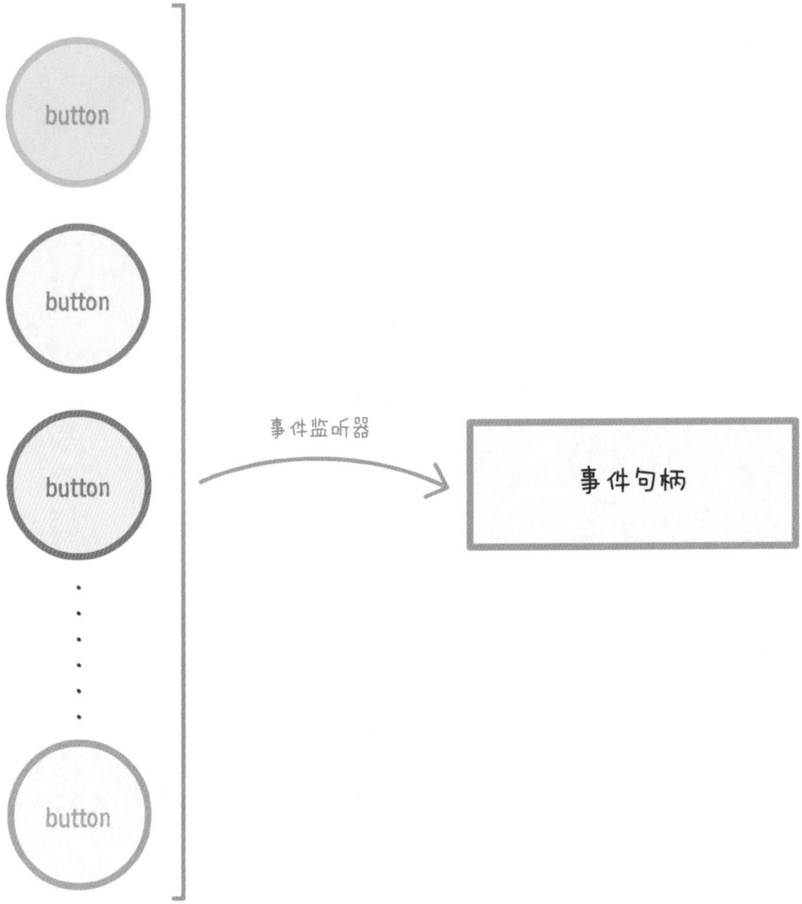

有点难以置信吧？不过这就是我们本章要学习的内容。在本章中，你将会明白这样的操作并不夸张，并且学会用几行代码来实现这一操作。

那我们就开始吧！

如何实现这样的操作

在此之前，我们已经学过在一个元素上只有一个事件监听器和一个事件句柄，这种处理事件的方法非常简单。尽管对于多元素上建立一个监听器的方法看起来完全不一样，但是通过利用对事件流的中断，我们可以轻松地解决这个问题。

假设有这样一种情况，我们想要在同一级元素中监听click事件，这些同级元素分别为one、two、 three、four和five。我们把这个假设做成一张DOM树的图：

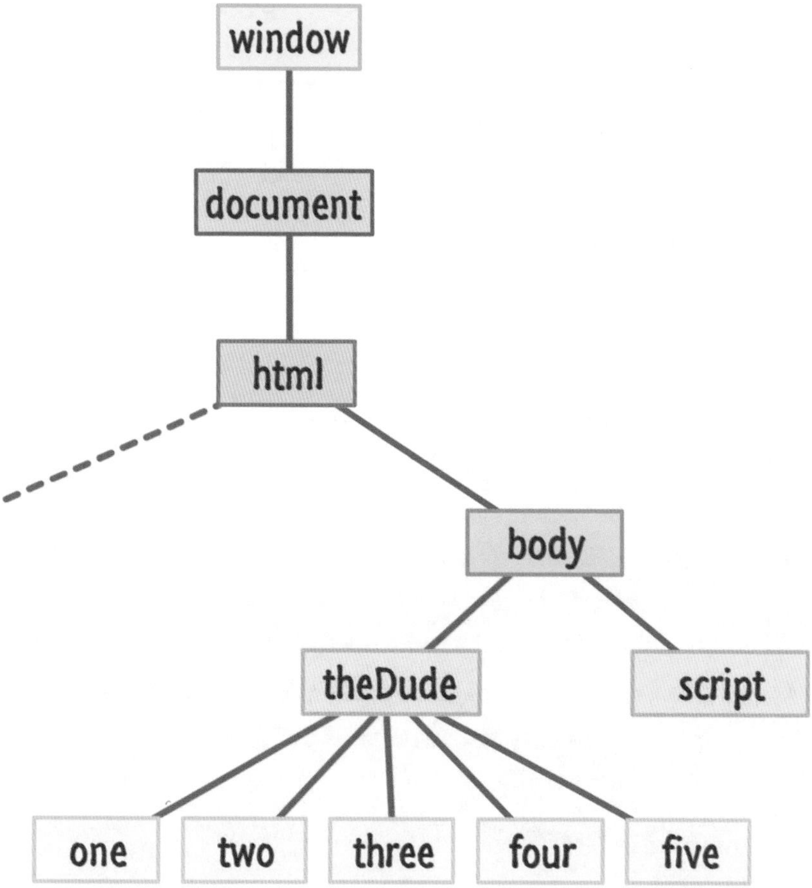

在最底部是我们需要监听事件的元素，它们有同一个父元素theDude。要解决的事件监听问题，我们在学习更好的解决办法之前，先对比地看一下糟糕的解决办法。

糟糕的解决办法

下面是都不想用的一种方法。我不想在五个元素中放五个事件监听器：

```
var oneElement = document.querySelector("#one");
var twoElement = document.querySelector("#two");
var threeElement = document.querySelector("#three");
var fourElement = document.querySelector("#four");
var fiveElement = document.querySelector("#five");
```

```
oneElement.addEventListener("click", doSomething, false);
twoElement.addEventListener("click", doSomething, false);
threeElement.addEventListener("click", doSomething, false);
fourElement.addEventListener("click", doSomething, false);
fiveElement.addEventListener("click", doSomething, false);

function doSomething(e) {
    var clickedItem = e.target.id;
    alert("Hello " + clickedItem);
}
```

这呼应了在介绍章节中所提到的问题，首先我们不希望有重复代码，另一个原因是每个元素现在都设置有addEventListener的属性。对于5个元素而言或许没有什么，但是当元素数量多起来的时候，每个元素占用的内存积少成多，就会形成大问题。再有一个原因，根据UI的适应性和动态性，元素的数量会发生变化，而不是像这个例子一样是固定的5个元素。

好的解决办法

在同样的DOM树上，好的解决办法只需要有一个事件监听器。先讲解这种方法是如何实现的，你可能一时会感到疑惑，但我希望在后面展示代码并解释的时候能够为你解惑。这种简便但不好理解的解决方式需要：

1. 在**theDude**元素中创建一个事件监听器。
2. 当**one, two, three, four, five** 任意一个元素被单击时，由于事件具有传播能力，所以在事件流到达父元素**theDude**时，中断事件本身的事件流。
3. （可选）在父元素上阻止事件传播，避免对事件在DOM树中冒泡或捕获进行处理。

不知道你们的理解能力怎么样，反正我自己在读完这三步以后自己也晕乎乎的。所以我们用图来解释一下上面的三个步骤吧：

要解除疑惑，还需要最后一步，用代码来解释图和上述三个步骤的内容：

```
var theParent = document.querySelector("#theDude");
theParent.addEventListener("click", doSomething, false);

function doSomething(e) {
    if (e.target !== e.currentTarget) {
```

```
        var clickedItem = e.target.id;
        alert("Hello " + clickedItem);
    }
    e.stopPropagation();
}
```

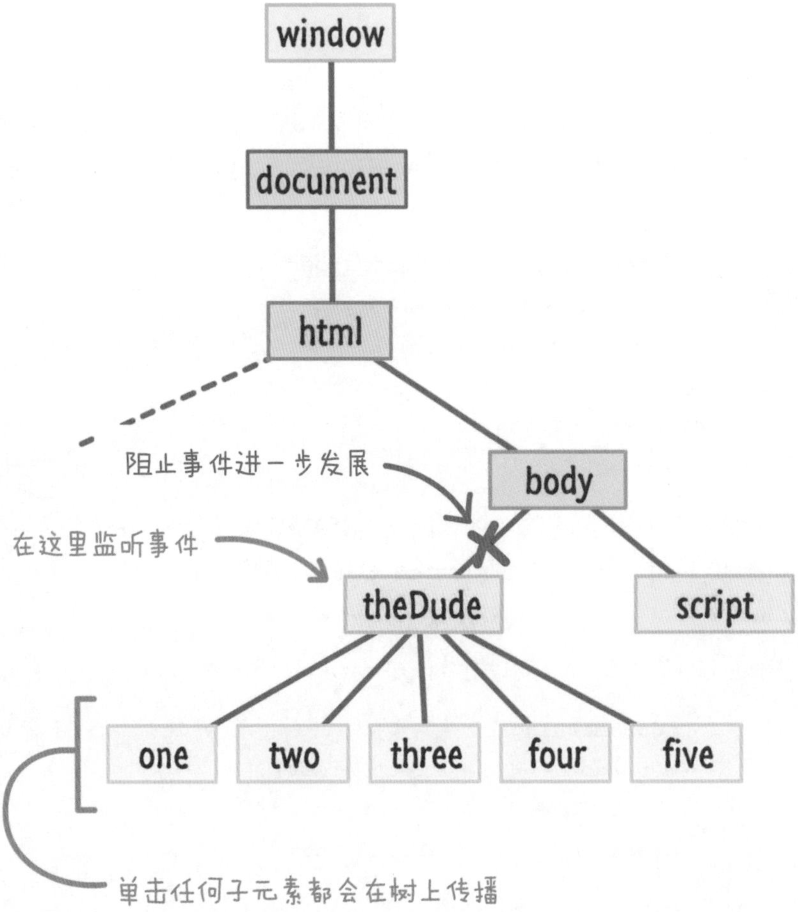

仔细阅读并理解你所看到的代码，这些代码应该能够很好地阐释了我们最初的目标以及上面的图。首先我们在父元素theDude上监听事件：

```
var theParent = document.querySelector("#theDude");
theParent.addEventListener("click", doSomething, false);
```

处理这个事件的句柄只有一个，那就是孤独的doSomething 函数：

```
function doSomething(e) {
    if (e.target !== e.currentTarget) {
        var clickedItem = e.target.id;
        alert("Hello " + clickedItem);
    }
    e.stopPropagation();
}
```

每当父元素**theDude**及其任何一个子元素被单击时，这个事件句柄都会被触发。然而我们只需要关注子元素的单击，所以忽视父元素单击事件的正确方法是，如果单击的来源（又叫单击目标）和事件监听器目标（即**theDude**元素）相同时，则不执行代码：

```
function doSomething(e) {
    if (e.target !== e.currentTarget) {
        var clickedItem = e.target.id;
        alert("Hello " + clickedItem);
    }
    e.stopPropagation();
}
```

事件的目标被表示为e.target，与事件监听器联系的目标元素被表示为e.current-Target。通过简单地检测两个值是否一致，就可以确保事件句柄不会对父元素上触发的事件做出反应。

要停止事件的传播，我们可以使用stopPropagation方法：

```
function doSomething(e) {
    if (e.target !== e.currentTarget) {
        var clickedItem = e.target.id;
        alert("Hello " + clickedItem);
    }
    e.stopPropagation();
}
```

注意这行代码实际上在if语句之外。这是因为我想在事件被监听后，这个事件停止在DOM树中游历。

总结一下

这段代码的最终结果是，你可以单击theDude以下任意一个子元素，并且在事件冒泡阶段监听到事件：

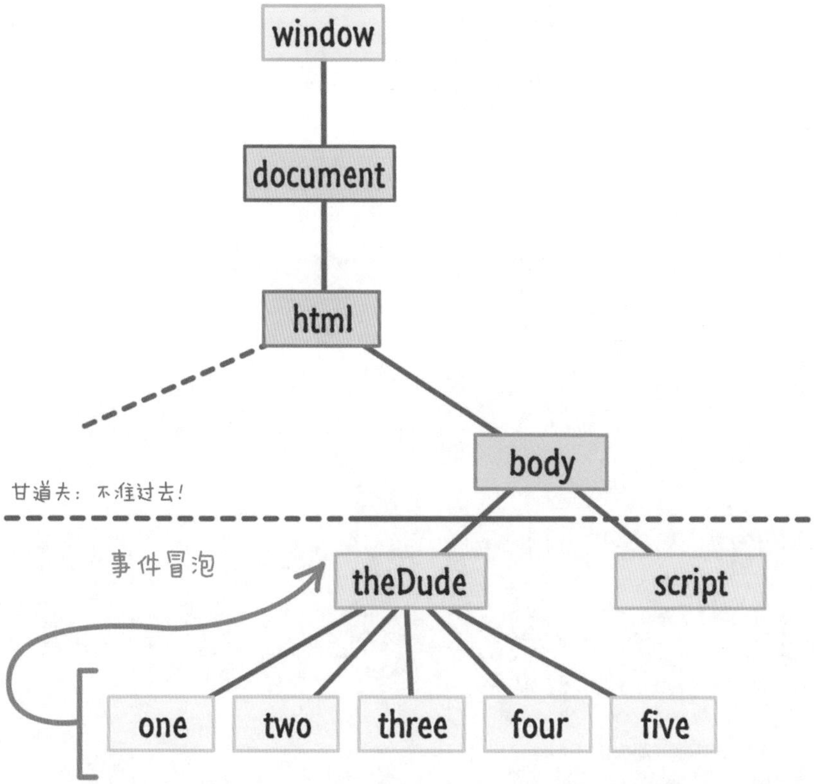

由于所有的事件参数都与事件源捆绑，所以除了在父元素上调用addEventListener外，也可以在事件句柄中锁定已单击的事件。使用这种方法的主要原因是它能满足我们需要规避的问题，只需要创建一个事件监听器，不需要考虑**theDude**下有多少个子元素，这样的方法普遍实用，不需要对代码进行更多修改。不过这也意味着，你还需要筛选**theDude**以下的子元素除了button以外的其他元素。

本章小结

有时候，我会建议用一种不那么有效率但也不需要复制粘贴的处理多元素事件的方法（有时也被叫MEEC）。在别人指出这个方法的低效以前，我一直觉得这是一个有效的解决办法。

这个办法主要是通过使用for循环将事件监听器与父元素（或包含HTML元素的列表）的所有子元素匹配起来。以下是这种办法的代码：

```
var theParent = document.querySelector("#theDude");

for (var i = 0; i < theParent.children.length; i++) {
    var childElement = theParent.children[i];
    childElement.addEventListener('click', doSomething, false);
}

function doSomething(e) {
    var clickedItem = e.target.id;
    alert("Hello " + clickedItem);
}
```

结果是这个方法可以直接监听子元素的单击事件。唯一手动编写的代码是调用每个事件监听器，根据代码在循环中的位置将其参数化为适当的子元素：

```
childElement.addEventListener('click', doSomething, false);
```

这个方法不好的原因在于，每个子元素都被附上了一个事件监听器。我们之前说过，这种方法会不必要地浪费内存。

如果元素向整个DOM树传播，而没有临近的一般的父元素，上述的方法也不失为一种好的解决办法。

无论如何，随着处理的游戏、数据可使唤软件和其他大量包含HTML元素的应用等的UI元素越来越多，我们在这里介绍过的方法都会至少要用一次。如果各种方法都没有用，这章内容还是很有用的——至少我们把关于DOM树遍历和捕捉事件的内容都实践了一遍嘛！

本章内容

- 夸赞一下自己出色的工作
- 再夸一次

34

总结

好了，我们已经学完啦！一口气把书读完的你，看到书完结以后，是不是感慨良多呢?

无论如何，如果你一直看书看到底，你会觉得这本书涵盖了大量内容。我们从这段代码开始：

```
<script>
alert("hello, world!");
</script>
```

以这段代码结束：

```
var theParent = document.querySelector("#theDude");
theParent.addEventListener("click", doSomething, false);

function doSomething(e) {
    if (e.target !== e.currentTarget) {
        var clickedItemId = e.target.id;
        alert("Hello " + clickedItemId);
    }
    e.stopPropagation();
}
```

这段代码可能不是很让人印象深刻，但是它背后包含了大量我们一路学过来的概念性的知识——变量、基本类型、对象、DOM、事件处理等超过32个章节的内容。现在看来很多内容已经基础得不需要再提了。

需要记住的是，写代码不难，难的是**优雅地**写出能够解决问题的代码。这和电影**《疤面煞星》**里我最喜欢的一段托尼的台词差不多（我稍微改动了一下台词，原来的台词嘛……反正这部电影本来就不好看懂）。

这本书都是基础内容，如果要从基础继续前进，就需要继续写代码，尝试新东西，并在这个过程中不断学习。这本书介绍了各种工具并提供了许多帮助你做一些小应用的案例。你可以根据将这些内容活学活用，创建一些更酷炫的跟JavaScript有关的大应用。

那么，我们以后再见了，如果想要跟我联系，可以发送到我的邮箱kirupa@kirupa.com或者在Facebook和Twitter上找我(@kirupa)。我在介绍章节说过，我非常喜欢看读者们的来信，所以别害羞，直接联系我就好。

要从最基本的开始学起。
掌握了基础之后，就可以解决一些有趣的问题。
解决了问题之后，就可以喝上一杯泡泡茶了。
没错，这个人就是阿尔·帕西诺！

另外，我知道各位在学习JavaScript的教科书上有很多选择，所以非常感谢大家选择了这本书并让我在代码中和各位间接接触:P

完结撒花！

术语

简单地汇总一下我们看到过的术语。

A

Arguments（参数） 提供给函数的值。

Array（列表） 一种能够储存和访问一系列值的数据结构。

B

Boolean（布尔值） 一种表示逻辑真或假的数据结构。

C

Cascading Style Sheets (CSS)（层叠样式表） 一种主要用来改变HTML网页内容样式的样式语言。

Closure（闭包） 一种能够访问外部函数变量的内部函数（变量包括函数本身的变量和任何全局作用域的变量）。

Comments（注释） 代码中JavaScript不能识别，只有人能读的文本（通常以//或/*和*/这样的字符开头）。

D

Developer Tools（开发者工具） 在浏览器中的延伸工具，能够检测、调试和诊断网页。

Do...While Loop（Do…While循环） 一种能够让代码重复执行直至条件返回false值。（尤其是在不知道需要循环多少次的时候特别好用！）

Document Object Model (DOM)（文档对象模型，DOM） JavaScript在HTML网页文件中的表示（通常为树状结构）。

E

Event Bubbling（事件冒泡） 事件从发起的元素开始向上爬到DOM树最顶部的阶段。

Event Capturing（事件捕获） 事件从DOM树最顶部到达发生事件元素的阶段。

Event Listener（事件监听） 一个在监听到某个函数时就会执行某段代码作为回应的函数。

Event Target（事件目标） 触发的事件所在的元素。

Event（事件） 一个在DOM树中游历告知某事已发生的信号。

F

For Loop（for循环） 一个有限次重复执行某段代码的控制语句。

Functions（函数） 可重复利用的带有参数、语句集合的一段代码，并且在被调用时会执行它内部的所有代码。

G

Global Scope（全局作用域） 在函数外部声明并可在整个应用中被调用。

I

If Statement（if语句） 一种能够在条件为true时执行某段函数的条件语句。

If/Else Statement（if/else语句） 一种能够根据反馈的布尔值为true或false执行不同代码的条件语句。

IIFE (Immediately Invoked Function Expression，立即执行函数表达式） 一种编写JavaScript的方法，能够让代码在本身的作用域内执行并且不留下痕迹。

Invoke（调用） 调用函数。

J

JavaScript 一种严苛但又（经常）前后矛盾的脚本语言，然而在最近几年却在开发应用、网页、服务器领域内异常流行。

L

Local Scope（局部作用域） 只可以在闭合函数或代码块内访问。

Loop（循环） 一种可以重复执行代码的控制语句。

N

Node（节点） DOM里的项的名称。

O

Object（对象） 一种具有弹性且无所不在的数据结构，能够储存属性和值，甚至能储存其他对象 。

Operators（运算符） 一种内置的函数，如我们熟悉的+, -, *, /, for, while, if, do, =等。

P

Primitives（原始类型） 一种不是由其他类型组成的基本类型。

R

Return 一个能退出函数和代码块的关键词。在函数内，这个关键词也经常用来调用函数返回数据。

S

Scope （作用域） 一个表示变量可被访问范围的东西，在现实世界，这是一个漱口水的品牌。

Strict Equality (===) Comparison（严格的等式(===)） 检测等式两边的值和类型是否相等。

Strict Inequality (!==) Comparison（严格的不等式(!==)） 检测等式两边的值和类型是否不相等。

String （字符串） 一系列字符组成我们所认识的文本，同时也是JavaScript中“文本”的正式名称。

Switch Statement（switch语句） 一个控制语句，当条件表达式符合某个条件时，则执行与该条件相关联的代码。

T

Timer Functions（计时器函数） 能够在定周期时段执行代码的函数。最常用的函数有 setTimeOut、setInterval、requestAnimationFrame。

Type（类型） 一种分类数据和值的方法。

V

Values（值） 各种数据的正式名称。

Variable Scope（变量作用域） 用以形容变量在一段代码内可被访问的范围。

Variables（变量） 一个用以储存数据的可被命名的容器。

W

Weak Equality (==) Comparison（宽松的等式(==)） 只检测等号两边的值是否相等。

Weak Inequality (!=) Comparison（宽松的不等式(!=)） 只检测等号两边的值是否不相等。

Web Browser（网页浏览器） 一个至少能够浏览和显示网页的复杂应用。

While Loop（while循环） 一个能够重复执行某段代码直到条件表达式返回false值为止的控制语句。